Ernst Moritz Arndt.

Besonders abgedruckt aus dem fünften Bande der Preußischen Jahrbücher.

Berlin.
Druck und Verlag von Georg Reimer.
1860.

In wunderbarer Rüstigkeit vollendete Vater Arndt sein neunzigstes Jahr; denn in demselben Jahre mit dem Korsen, wie er oft in bester Laune sich rühmte, am zweiten heiligen Christtag, und in der Stunde, wo im Süden der Carneval beginnt, hatte er einst das Licht der Welt erblickt. Noch warm von der Feier des hundertjährigen Geburtstages Schiller's regten sich überall in Deutschland die Herzen für den noch lebenden Dichterveteranen, für den Sänger, der die Ideale Schiller's vom Himmel auf die Erde herabgeholt, der in rauherer Zeit härtere und stürmischere Weisen angeschlagen, der, kräftiger und inniger als irgend ein Zweiter, das deutsche Land, die deutsche Freiheit und den deutschen Gott gesungen hatte. Aus allen Enden des Vaterlandes flogen dem Alten Grüße und Wünsche zu, und in herzlichen und tapferen Worten that der Alte noch einmal seinen „lieben Deutschen" Bescheid. Er ist den beneidenswerthesten Tod gestorben. Unter der Last der Kränze, die ihm die Liebe seines Volkes gewunden, an der äußersten Grenze des menschlichen Lebens ist er entschlafen. Wie rüstig aber und lebensfroh er bis unmittelbar vor seinem Ende war: der „weissagerische Geist," den er oftmals in sich zu spüren meinte, hatte ihm noch rechtzeitig die Mahnung zugerufen, daß die Zeit seines Scheidens nahe sei, daß er „sein Haus bestellen und seine kleinen Dinge ordnen solle." Als ein letztes Vermächtniß und Lebewohl hat er seine Reime und Verse gesammelt und sie in ihrer echten, ursprünglichen Gestalt seinem Volke übergeben.

So liegt dieses Vermächtniß nun vor uns, ein voller, ja übervoller Strauß von Blumen und Gräsern, meist in der Ordnung oder Unordnung zusammengesteckt, wie sie ursprünglich von der Hand des Dichters gepflückt wurden. Von dem künstlerischen Werth dieser Reime kann Niemand bescheidener urtheilen als ihr Urheber selbst. Den Dichternamen möchte er ganz von sich ablehnen; wenn ihm einzelne lyrische Sachen leidlich gelungen seien, so sei es nach dem Sprüchwort von der „blinden Taube" geschehen, und wenn manche seinen Deutschen lieb geworden, so sei es, „weil die meisten echte Kinder der Geschicke und Gefühle unsrer Tage sind, Kinder des Augenblicks und der Gelegenheit.“ Und diesem bescheidenen Urtheil wird im Ganzen Niemand widersprechen mögen. Wir finden und wir suchen hier nicht jenen vollendeten Instinct für das Schöne, jenen durchgebildeten Sinn für Maaß und Harmonie, der unsere klassische Dichtung charakterisirt: — wir suchen und finden, was in manchem Betracht besser ist. Wenn uns der eine Theil dieser Lieder werth ist, weil sie uns die Tage der allgemeinen Erhebung und Begeisterung vergegenwärtigen, so lieben wir andre, weil sich in ihnen ein reines und grundtüchtiges Menschendasein spiegelt, weil sie Zeugnisse von dem Wesen und Wollen des unvergleichlichen Mannes sind. Da sind Gedichte und Reimsprüche, in denen uns flüchtige Momente dieses langen und reichen Lebens aufbehalten sind; da sind andere, — wie namentlich jene in dem Häuschen „an Reichenbachs bröcklichter Mauer“ entstandenen Epigramme — in denen der Dichter erzählende und betrachtende Rückblicke auf jüngst und auf längst durchlebte Tage thut. Genug, wir haben hier, wenn wir Alles zusammennehmen, neben dem „nothgedrungenen“ einen freiwilligen Lebensbericht, neben den „Erinnerungen aus dem äußeren“ Erinnerungen aus dem inneren Leben. Ein unschätzbarer Besitz; denn das beste Vermächtniß, das Arndt seinen Deutschen hinterlassen hat, ist doch er selbst, die Erinnerung an das, was er war und wirkte. Die Stunde scheint nicht unpassend, uns eben dies, was er war und wirkte, auf Anlaß seiner Gedichte zurückzurufen und zu Gemüthe zu führen.

In Prosa wie in Versen, auf jeder Stufe seines Lebens, mit immer gleicher Liebe wendet Arndt sich zurück zu dem Idyll seiner Knabenzeit. Hier ist der gesunde Grund dieses ganzen kerngesunden Daseins. Es hat sich in natürlichem Wachsthum durch zwei Geschlechter aus dem fruchthaltenden Boden der Volkskraft emporgearbeitet. Eines Freigelassenen, eines Verwalters und Pächters Sohn, nennt Arndt sich selbst „aus autochthonischem Bauernstamm entsprossen,“ scherzt er wohl noch später mit seiner „bäuerlichen Wenigkeit.“ Die Eltern hat er uns oft geschildert, den thätigen, strengen und heftigen, und doch wieder milden und freundlichen Vater, die fromme, sinnige, besonnen-verständige Mutter, deren Bild ihm im Wachen und Träumen stets gegenwärtig bleibt. Der Schauplatz seiner Kindheit ist Rügen, die „liebliche Insel,“ deren Ufer, Wälder und Hügel seine Lieder immer von Neuem grüßen. Ein köstlich frisches Leben, das er da zusammen mit Geschwistern und Gespielen führt! Draußen tummelt der Vater die Knaben, im Hause übt, zieht und unterweist sie die Mutter.

In frommer Zucht der Eltern und Lehrer wächst er auf: seine beste Lehrmeisterin für geistiges wie leibliches Gedeihen bleibt die Natur. Im Verkehr mit ihr gewinnt er rüstige Leibeskraft, an sie schmiegt er sich an mit poetischem Sinn. Zahlreiche Verse sagen uns, wie es da in bunten Farben um seine kindliche Seele spielte, wie er mit Blumen und Vögeln, mit Bäumen und Zweigen gleichwie mit lebendigen Gespielen verkehrte —

Und es hüteten noch mit mir die Engel des Himmels
Heerden des Vaters im Hain, Heerden am brausenden Meer.

Wie die derbste Wirklichkeit hier mit den luftigsten Mährchenträumen gleichsam in Eins verlief, das werden wir vielleicht am besten inne, wenn wir die Arndt'schen "Mährchen und Jugenderinnerungen" zu Hülfe nehmen. Wer kennt sie nicht? Der ganze Zauber des Kindheitsalters ist über diesen Aufzeichnungen des späteren Mannesalters ausgegossen. Die Blüthe jenes „Mährchen- und Geschichtentreibens" seiner Knabenzeit, sind sie poetischer als das Meiste, was er sonst gedichtet hat. Die köstliche Einfalt des Fabulisten, dem doch überall der Schalk im Nacken sitzt, das ungetrübte Behagen an dem Gaukelspiel der Phantasie, hinter dem doch der hellste Verstand durchblickt, dieses eigenthümliche Gemisch von Ernst und Laune macht das Buch ebenso zur erwünschtesten Lectüre für den Knaben wie für den Erwachsenen. So aber ist es, weil noch in dem Manne Kindeseinfalt und Kindesgemüth wohnte. Man mag umgekehrt sagen, daß in dem Kinde der Mann schon fertig lag. Wie diese Mährchen, so war das Element, in dem seine erste Jugend sich bewegte: — die Keime des glücklichsten und fruchtbarsten Daseins waren darin angelegt.

Das Hinübertreten aus der Unschuld solches Naturlebens in ein schon einseitigeres Culturleben war nicht ohne Gefahren, zumal wenn es zusammenfiel mit der Zeit, wo "Kindheit und Jugend sich trennt und der Gedanke beginnt." Es giebt da einen gewaltigen Ruck, und tiefere Gemüther finden nur nach heißen Kämpfen das gestörte Gleichgewicht wieder. So etwas erfuhr der sechszehnjährige Arndt, als er, ein gutmüthiger, aber wilder, ernster und trotziger Bube, aus dem elterlichen Hause auf die Schule zu Stralsund verpflanzt wurde. Gegenüber dem loseren und üppigeren Wesen, das ihm hier zugleich mit allerlei neuen geistigen Stoffen entgegentritt, muß seine gesunde Natur und müssen die guten Geister seiner Kindheit eine erste Probe bestehen. Durch die Lectüre Rousseau's mit tausend Aengsten über die Gefahren der Jugend erfüllt, kämpft er für die Bewahrung seiner Unschuld einen gewaltthätigen Kampf mit dem "starken, heißen Arndtsblut." In blöder Verschlossenheit, unter schweren und dunklen Stimmungen, in harten, selbstauferlegten leiblichen Uebungen strebt er, sich zum Manne, zum Manne im besten Sinne des Wortes zu machen. Es ist eine rührende Geschichte, wie ihn die Angst, er möchte „zu einem weichlichen und liederlichen Lappen werden“ endlich zur Flucht von der Schule treibt. Und Jahre lang halten diese Stimmungen und Kämpfe an. Mit gleichsam krampfhaftem Instinct klammert er sich an seine starke Natur und an den sittlichen Menschen, den er in sich fühlt. Nur dies Eine, die Pflicht, sich keusch, gesund und brav zu erhalten, ist ihm klar: sein übriges Streben, sein Lernen, Denken und Empfinden liegt unklar vor seinem Bewußtsein. Wie einen langen Traum beschreibt er die Zeit, die auf jene Katastrophe folgte. Angestrengten Fleißes bereitet er sich im Vaterhause auf die Universität vor. Um Theologie zu studiren geht er, nunmehr zwanzigjährig, nach Greifswald, von Greifswald nach Jena. Auch diese Studentenjahre werden nicht verbraust und verjubelt; wohl wird es ihm allmählich leichter und freier um's Herz, aber im Ganzen wandelt er die alten Wege fort; wohl treibt zuweilen zwischen Arbeiten und Studien der verschiedensten Art „die Jugend ein lustiges Spiel“ — „doch“ (so sagt uns eins seiner Epigramme) „doch ward ihr jegliches Spiel bei mir gebührlich gebüßt.“ Und wieder kehrt er in's Vaterhaus zurück, und abermals wird es, wie er nun das Gelernte übersieht und sichtet, etwas heller in ihm. Die Zeit war nahe, wo der Zauber, der auf ihm lag, weichen, wo Klas Avenstaken aus dem Wunderberge, in den er versunken, wieder herausfallen sollte auf die Erde. Als Präceptor geht er im Herbst 1796 zu Kosegarten, einem alten Freunde seines elterlichen Hauses, damals Pfarrer zu Altenkirchen auf Rügen. Solch' eine fette Pfründe, wie dieser sie besaß, hätte früher oder später auch unserem Candidaten — denn das war er inzwischen geworden — nicht fehlen können; predigte er doch wiederholt mit „Schall und Beifall.“ Allein wiederum regte sich der Instinct, oder sagen wir lieber das Gewissen seiner guten Natur. Er fühlte, daß der derbe Stoff, aus dem er gemacht war, sich mit dem geistlichen Wesen nicht vertrüge; noch mehr, sein strenger, sittlicher Sinn sträubte sich gegen die Weltlichkeit, die hier an dem geistlichen Amte hing. Er war bestimmt, ein Prediger der ganzen Nation zu werden. Mit freiem Entschlusse wandte er der Kanzel wie einst den Stralsunder Schulbänken den Rücken. Mit diesem Entschlusse schritt er in's Leben und war er hinaus über die Unklarheit seiner bisherigen Zustände. Wir haben kürzlich ein vornehmes Wort gelesen: nur die Zeit habe diesen Mann gehoben. Die Wahrheit ist: niemals hat Jemand so entschieden sich selbst zu dem gemacht, was er war. Er wurde was er war, weil er sich frühzeitig in die sittliche Zucht nahm, weil er jetzt und später an sich erprobte, daß die Götter vor die Tugend den Schweiß gesetzt haben. Nicht er bedurfte der Zeit, wohl aber bedurfte die Zeit seiner.

Und frisch stürzte er sich nun, nachdem er sich selbst wiedergefunden, in die volle Weltlichkeit hinein. Die Freude, die ihm jetzt im Busen wieder aufging, tönt jubelnd aus den Versen, mit denen er funfzehn Jahre später diesen seinen Eintritt in's Leben und in's Mannesalter gefeiert hat. Sie macht sich ebenso Luft in den Episteln, die er aus der Fremde an die zurückgelassenen Freunde richtete. Denn in die weite Welt hatte es ihn hinausgetrieben. Zweck genug, daß er sich frei ergehen, leben und leben sehen wollte. So pilgert er im Frühjahr 1798 über Wien, durch Ungarn nach Italien. Es ist, wie er von Florenz aus schreibt, der mit ihm geborene Geist der Unruhe, der ihn umhertreibt. Nicht, um Pergamente zu durchstöbern, ist er ausgezogen, sondern mehr als alle Pergamente lockt ihn die lebendige Natur. Die lebendige Natur, vor Allem die Natur der Völker und Menschen bringt er sich so breit und vollständig wie möglich zur Anschauung. Einen ganzen Sommer weilt er in Paris, um sodann über Brüssel, Köln, Frankfurt und Berlin wieder heimzuziehen. Noch hat er kaum einen festen Mittelpunkt für die Beurtheilung der menschlichen Dinge gewonnen. Desto mehr hat er die Augen offen für Alles und Jedes. Seine vielbändige Reisebeschreibung (Leipzig, 1801 bis 1803) spiegelt ebenso die sorglose Laune des Wandrers, wie sein weitausgreifendes Interesse für Politisches und Unpolitisches. Mit gleicher Redseligkeit schildert sie uns das äußere Aussehen der Städte, wie die Sitten und Zustände der Bewohner. Wir werden eingeführt in den Jacobinerclub und wohnen dem Leichenfest der bei Rastadt ermordeten Gesandten bei — aber überwiegend doch will der Verfasser „die freundlichen und lebendigen Seiten des Lebens“ beleuchten, das bunte Gewimmel der Straßen und Märkte, und wie die Menschen schaulustig und genußsüchtig vom Tag in den Tag leben. Mit der reichsten Ausbeute ist er endlich im Herbst 1799 in die Heimath zurückgekehrt. Es galt, nach allem Umherschweifen sich zu fixiren und das reiche Material der neu gewonnenen äußeren und inneren Anschauungen zu verarbeiten und zu verwerthen.

Nur halb glückte es ihm mit der häuslichen Festsetzung. Leicht zwar erlangte er eine Anstellung an der Greifswalder Universität, auch fehlten ihm die Zuhörer nicht für seine meist historischen Vorlesungen; aber ein geliebtes Weib, das er heimgeführt hatte, starb, einen Sohn zurücklassend, schon im zweiten Jahr, im Sommer 1801 — gleich als ob das Schicksal ihm frühzeitig hätte andeuten wollen, daß die Stürme der Zeit einen freien

Mann verlangten, dessen Fuß nicht an die Scholle und dessen Herz nicht an das Glück eines häuslichen Heerdes gebunden sei. Laute des Schmerzes und der Wehmuth begegnen uns seitdem häufig in seinen Liedern, aber selbst dieser herbste Verlust vermochte nicht mehr, die innere Sicherheit und den gehobenen Glauben zu zerstören, den er sich erworben hatte. In Tapferkeit und Frömmigkeit ist er von dieser Zeit an ein für alle Mal über alle Schläge und Widerwärtigkeiten des Schicksals, über alle „Verfinsterung und Erstarrung“ hinaus. Als Lehrer, als Schriftsteller, mit seiner ganzen Persönlichkeit ist er auf rüstiges Wirken nach Außen hingerichtet. So faßt er das Nächste und das Weiteste in's Auge. Das Nächste: die Noth der leibeignen Bauern in seiner schwedischen Heimath. Mit fester Hand packt seine „Geschichte der Leibeigenschaft in Pommern und Rügen“ das Unrecht und die Unmenschlichkeit der Privilegirten an: er hat die Genugthuung, verklagt, aber auch gerechtfertigt zu werden; ja, von seinem Bruder Fritz in dem Kriege gegen die Rügenschen Junker secundirt, erlebte er die größere Genugthuung, daß sein Buch mitwirkte zur geschwinderen Aufhebung jener Helotenverhältnisse. Und das Weiteste. In eben diesen Jahren bringt er die „Reisen durch einen Theil Deutschlands, Italiens und Frankreichs“ zu Papiere. Im Herbst 1803 bis 1804 erlangt er Urlaub für eine Reise durch Schweden, und sofort giebt ihm auch diese Stoff zu einem neuen, zweibändigen Reisewerke. Wir haben den Standpunkt dieser Schriften bereits oben angedeutet. Derselbe ist nicht so sehr der politische als der kosmopolitische. „Das Menschliche und das Menschenleben in einigen Zügen dargestellt zu haben,“ ist die ausgesprochene Absicht des Verfassers. Für die humanen Seiten der Revolution, für das zumal, was die neue Freiheit dem französischen Bauer gebracht, zeigt er die lebhafteste Theilnahme. Ihm entgeht nicht die Sittenlosigkeit und die Herrschsucht der Franzosen, aber ihre Liebenswürdigkett rühmt er mit dem wärmsten Lobe; er rühmt, daß das „heilige Gesetz der Menschlichkeit“ sich durch dieses Volk weit über die Erde verbreitet habe, — und dem „großen Genius Bonaparte's“ huldigt er in aufrichtiger Bewunderung.

Es war die Anschauungsweise des ganzen Zeitalters: bald sollte sich zeigen, daß dieselbe bei ihm doch einen anderen und tieferen Kern hatte, als bei der Masse seiner deutschen Zeitgenossen.

Ein großer Umschwung in der Schätzung des Menschlichen und seiner Stellung zum Himmel und zu den irdischen Dingen bereitete sich überhaupt an der Grenze der beiden Jahrhunderte vor. Schon unsere klassische Dichtung hatte Ströme lebendigerer Anschauung über die Dürre der deutschen Wirklichkeit ausgegossen. Ueber die Verflüchtigungen, Theilungen und Entgegensetzungen des Verstandes sehnte man sich zu dem Realen, dem Ganzen, dem Einheitlichen hinaus. Die Sperren und Dämme, welche dieser Verstand drinnen und draußen errichtet hatte, durchbrach hier das überströmende Gemüth, dort die beflügelte Phantasie. Aus unklaren Gefühlen und ausschweifenden Einbildungen hätte man sich gern die neue Welt zusammengewoben, in der man eine vollere Befriedigung genösse als in der, die man bisher gedacht und unter den Füßen gehabt hatte. Man dichtete und träumte, man glaubte und prophezeite diese neue Welt, man rang bald kecker bald mühsamer diesen Glauben und diesen Traum der übermächtigen und zu festen Formen ausgebildeten Reflexion ab. Die Philosophie selbst kam diesem Streben entgegen; sie fing an, mit Begriffen zu bildern, Empfindungen und Anschauungen in begriffliche Constructionen zu zwingen. Aus der bloßen Ahnung und Sehnsucht versuchte man ein neues und schöneres Leben herauszuspinnen; tastend griff man dazwischen nach fernen und vergangenen Epochen, um einen festen Stoff und Boden für die gemeinte und doch vermißte Neugestaltung des Lebens zu finden.

Von dieser Strömung des deutschen Geisteslebens wird jetzt auch Arndt ergriffen; aber aus seinem eigensten Innern fluthet es zugleich mächtig in derselben Richtung. Die Kraft und Fülle seiner Natur, das Erbtheil seiner Geburt und Erziehung, sie, die ihn im Gegensatz zu den Bildungsstoffen und Formen der Zeit so seltsam gepeinigt hatte, ist mehr und mehr zu einem vollen Gefühle seiner selbst erstarkt. In jenen früheren Seelenkämpfen, in ernster sittlicher Arbeit hat er sich dieser Natur doppelt versichert; trotzig und zuversichtlich darf er sie jetzt den hohlen Culturformen seiner Zeit gegenüberstellen. Wahrer, natürlicher, energischer und rücksichtsloser als irgend ein Andrer bricht er daher nun auf einmal aus gegen die schaale Aufklärung, die alles Starke, Gesunde, Natürliche verflüchtigt und in ein Nichts verwandelt habe. Der Protest der Romantik gegen das Unschöne, Unlebendige der einseitigen Verstandesbildung formulirt sich bei ihm bestimmter zu der Verurtheilung des ganzen übergeistigen Treibens der Zeit, zu der Forderung, daß mit dem Wissen das Können sich verbinden müsse, zu dem Satze, daß eine gesunde Seele nur in einem gesunden Körper wohnen könne. Dies ist das Eine große Thema seiner nächsten Schriften bis zum Jahre 1805; es bildet die Grundlage auch seiner späteren Werke bis zu dem wichtigen Wendepunkt seines Schicksals im Jahre 1811; es bleibt, auch wenn es nicht mehr so ausdrücklich eingeschärft wird, der Schlüssel seiner Gesinnung und seines Wirkens bis an's Ende seines Lebens.

In einer historischen Umschau, die die hervorragenden Größen und die epochemachenden Begebenheiten des Jahrhunderts, Friedrich und Joseph, die americanische und die französische Revolution in's Auge faßt, stellt er zuerst in der Schrift „Germanien und Europa“ (1803) der kranken Zeit die Diagnose. Er führt aus, wie in dem Jugendalter der Menschheit der Leib die Herrschaft gehabt, wie die Schönheit des griechischen Lebens auf der Einheit aller Seelenkräfte beruht habe; wie sich in der Barbarei des Mittelalters Seele und Geist getrennt, und wie in der neuen Zeit der Geist immer einseitiger, immer verderblicher sein Regiment entwickelt habe. Mit sprudelnder Beredsamkeit wird dieses Regiment geschildert. „Dieser Geist, der keine Schranken kennt und keine Bescheidenheit ehrt, wenn er allein steht, sondern schneidend wie Wind und unbezwinglich wie Licht hinfährt und niederbraust und zerbrennt, was ihm gefällt, zerriß frech den heiligen Isisschleier, der über der Natur und dem Gemüthe züchtig lag; er wollte Alles wissen und mußte daher aufdecken, was in stiller Zucht und Verborgenheit dem Menschen größer und himmlischer kommt wie Ahnung, als wenn es entseelt und zerschnitten wie eine anatomische Leiche vor ihm hingelegt wird.“ „Der Geist, der Ueberflieger, machte die ganze Natur zu einem Cadaver; er lehrte alle irdische und physische Schwere und Gestalt verachten, als die den freien Flug hindern; die Menschen, die endlichen, ließen sich von ihm bethören und verloren die Erde, indem sie seinen Himmel wollten.“ Auf allen Gebieten zeigten sich die verwüstenden Folgen dieser Verirrung. Sie zeigten sich im Staatsleben in mechanischer Subordination, in einem alle Begeisterung ertödtenden Despotismus, sie zeigten sich in Wissenschaft und Kunst und zeigten sich vor Allem in dem Verfall der Religion, in dem Verlust von Glaube, Liebe und Hoffnung.

„Nebelnd, schielend und lose“ nennt Arndt selbst die theoretischen Ausführungen dieses Buches. Niemand wandelt ungestraft unter Palmen, geschweige denn zwischen den Dornen der Metaphysik und den betäubenden Düften der Romantik. Hat doch unser Verfasser zu den Füßen Fichte's gesessen; hat ihn doch mächtig die Sprache Johannes Müller's ergriffen; hat doch auch er sich an den Klängen alter und neuer Dichter, an den poetischen Träumen der jüngsten Literaturschule berauscht. Was als energische Empfindung in ihm arbeitet, vermag sich nicht anders zu fassen, als in den Formen der Zeit. Er weiß sich in der Gegenwart nicht besser zu orientiren, als indem er sie und ihr geschichtliches Werden nach allgemeinen Begriffen construirt; gerade in den weiten Zwischenräumen dieser Construction wiederum hat die poetische Unklarheit, die unbestimmte Sehnsucht nach einer neuen Geburt der Zeiten, das Lob der Mystik, der Zug nach der Vergangenheit deutschen Lebens den bequemsten Raum. Nichts desto weniger überwiegt über diese Unklarheit der Form der kerngesunde

Grund des Gefühls und der Meinung, welche hier nach einem Ausdruck ringt. Schon in dieser ersten bedeutenderen Schrift Arndt's haben wir volle Bürgschaft, daß dieser Mann nicht in dem Nebel oder gar in der Eitelkeit romantischer Vorstellungen wird hängen bleiben, daß seine Opposition gegen das einseitige Verstandesthum nicht in ebenso einseitige Phantasie- und Gemüthsseligkeit, in düsteren Mysticismus, in trübe und träge Gläubigkeit umschlagen wird. Jedem Wort ist der Stempel der Wahrhaftigkeit aufgeprägt, und dem Verstande, sofern er nur nicht allein herrschen will, sofern er nur nicht übersichtig ist, sondern mit hellen Augen das Wirkliche sieht, wird seine volle Ehre gelassen.

Nur die schwächlichen und halben, die eitlen und unwahren Geister sind in den Strudeln des romantischen Wesens jener Tage untergegangen: die kräftigen und ernsten haben sich aus denselben zu einer höheren Bildungsform durchgerungen. Auf dem Boden der Wissenschaft der Unform gährender Begeisterung wieder Gestalt und Maaß gegeben, die Unbestimmtheit des Gefühls wieder zu Verstande gebracht zu haben ist das Verdienst der Hegel und Schleiermacher. In einer anderen Sphäre lag die Kraft des Verfassers von „Germanien und Europa." Das lebendige Leben war sein Element und seine Bestimmung; nicht die Begriffswelt, auch nicht die Welt der Gefühle als solche war das Material, in dem er arbeiten mochte, sondern der ganze und wirkliche Mensch. Man lese seine „Fragmente über Menschenbildung" (1805) — diesen Nachklang seiner eignen Bildungsgeschichte. In ihnen zuerst faßt er die Aufgabe positiv an, das Elend der Zeit praktisch-verständig zu überwinden, die Aufgabe, eine künftige Generation von Menschen durch eine naturgemäßere Erziehungsmethode zu retten vor der Uebergeistigkeit der gegenwärtigen. Man lese die 1805 und 1807 geschriebenen „Briefe an Freunde." Wie strotzen diese Briefe von Gesundheit und Leben! Wie deutlich zeigen sie in ihrem Raisonnement über Kathederweisheit und Gelehrtenthum, über alte und neue Dichtkunst und vor Allem über das Verhältniß des Weibes zum Manne, daß hinter den Theorien und Constructionen, in denen der Verfasser sich anderwärts umherwarf, sein persönliches Gefühl, das Gefühl seiner eignen menschlichen Stellung zu den Menschen seiner Zeit und seiner Umgebung lag. Um es kurz zu sagen: der eigentliche Boden, auf welchem die Anschauungen Arndt's fruchtbar werden und auf welchem sie ihre theoretischen Schiefheiten überwachsen mußten, war die wirkliche Welt und die Bewegung des handelnden Lebens. Es bedurfte nur, daß dem sittlich-praktischen Blick und Drang dieses Geistes ein bestimmteres Ziel sich entgegenstelle.

Es war reichlich dafür gesorgt, daß es ihm an solch' einem Ziele nicht fehle. Schon in „Germanien und Europa" hatten die Franzosen und deren Auftreten in und seit der Revolution den Hintergrund des von der verkehrten Bildung der Zeit entworfenen Gemäldes abgegeben. Arndt's Urtheil über diese Nation und überhaupt seine politische Denkweise hatten sich nach kurzer Unsicherheit alsbald wieder auf die Grundlage zurückgeworfen, die dafür in den Anfängen seiner Erziehung gelegt war. Die Heldengestalten eines Gustav Adolf und Friedrich des Großen hatten schon den Knaben gegen den Glanz republikanischer Experimente kühl gemacht; der realistische Zug seines Wesens, das, was er seine „Philisternatur" nennt, hatten ihn frühzeitig gegen jenen Schwindel geschützt, in welchen die ersten Acte der französischen Revolution so viele unsrer besten Männer hineinrissen. Nur eine natürliche Entwicklung war es, wenn der Gegensatz, den er gegen die „verdünnte Geistigkeit" des Zeitalters empfand, mehr und mehr sich zu einem national-politischen Gegensatz gegen Frankreich und Bonaparte verdichtete und allmählich hierin seinen eigentlichen Schwerpunkt, seine praktische Spitze fand. Arndt selbst hat uns diese Entwicklung geschildert, den Prozeß, wie er ein politischer Mensch, der erste Herold und Bannerträger von Deutschlands Freiheit und Einheit wurde; wie er anfangs mehr ein schwedisches als deutsches Herz gehabt, wie ihn dann zuerst das Schalten der Franzosen in dem Südwesten Deutschlands mit Unmuth und Aerger erfüllt, wie die Schmach des Lüneviller Friedens ihm schwer zu Herzen gegangen, wie endlich das österreichische Unglück vom Jahre 1805 und die preußische Niederlage von 1806 Unmuth und Aerger in Zorn und Groll umgewandelt habe. „Als Oesterreich und Preußen nach vergeblichen Kämpfen gefallen waren, da erst fing mein Herz an, sie und Deutschland mit rechter Liebe zu lieben und die Wälschen mit rechtem treuem Zorn zu hassen; als Deutschland durch seine Zwietracht nichts mehr war, umfaßte mein Herz seine Einheit und Einigkeit."

Die Stimmung des Jahres 1805 ist es, die sich zunächst in dem Ersten Theil des „Geistes der Zeit" abspiegelt. Schon der Titel sagt uns, daß der Standpunkt des Verfassers noch immer jener allgemein-menschliche ist, von dem uns die Ereignisse nicht sowohl als historisch-politische Facta, denn als Zeichen und Geburten der Zeit erscheinen. Es handelt sich nicht um eine pragmatische Erzählung oder eine staatsmännische Kritik der Begebenheiten, sondern um ein Verstehn ihrer innersten Bedeutung, um ein Erklären derselben aus dem tiefsten Lebensgrunde des Zeitalters. So faßten ehedem die Propheten des alten Testaments ihre politisch-nationale Pflicht auf. Nicht sowohl Politik als die Religion dieser Politik predigt der Verfasser; nicht sowohl das Einzelne als das

Ganze faßt er in's Auge; nicht als Staatsmann sondern als begeisterter Redner spricht er, dringt er ein auf die geistigen und sittlichen Ursachen des Verderbens, setzt er den Hebel an die Wurzel des morschen Stammes der Zeit an. Es ist in der Hauptsache das Thema von „Germanien und Europa," welches wiederholt wird. Der Verfasser beginnt mit sich selbst. Alles hat sich in leiblose Form, in körperlosen Geist aufgelöst: wie sollte der Einzelne widerstehen können? Aber dennoch, oder ebendeswegen —: hier giebt es nur Eine Rettung. Wodurch wir schwach sind, dadurch können wir auch nur stark sein; das Feuer, das uns verbrennt, muß uns auch erleuchten — es gilt, von der höchsten Spitze übertriebner Geistigkeit zu dem „verlorenen Weltverstande und der verlorenen Weltempfindung" zurückzulenken. In diesem Sinne zeichnet der Verfasser von Neuem und in größerem Umblick den Geist, der in den Schriften wie in den Werken der Zeitgenossen herrsche; er stellt die gegenwärtige mit der früheren Menschheit zusammen, läßt den Blick über die Völker des alten und des neuen Europa schweifen, wie ihm die Geschichte jene, die eigne Anschauung diese gezeigt hat. Aber sofort zieht sich das vielfarbige Bild zur Schilderung der sittlichen Schwäche, der politischen Zerfahrenheit Deutschlands, zu einem Weheruf über die Noth und Schrecken der jüngsten Tage, zu Anklage und Vermahnung derer zusammen, bei denen die Schuld ist. Im November und December 1805, unter dem Eindruck der Nachrichten von Ulm und Austerlitz, ist das Buch in wenigen Wochen „auf dem glühenden Amboß der Zeit geschmiedet." Da wird von Blatt zu Blatt, gegen den Schluß die Rede heißer, die Anklage bestimmter und härter, die Mahnung dringender und ergreifender. Nun geißelt sein strafendes Wort die Fürsten, die unfürstlich ihre Würde, ihre Pflicht, ihre Völker verrathen und mit den Fremden buhlen und feilschen, nun schilt er die Edelleute in's Gesicht, die alles Ritterlichen vergessen, die den Stern der Ehrenlegion des gallischen Despoten zum Lohne dafür tragen, daß sie deutsches Blut vergossen. Er schildert — mit einem Grauen, das sich noch nicht völlig der Scheu vor des Mannes „gewaltiger Naturkraft" entschlagen kann — den „Emporgekommenen." In ihm recht eigentlich erblickt er eine höchste Consummation des Geistes der Zeit, den dieser Mann dunkel in sich trage, um allmächtig durch ihn zu wirken. Fast rathlos wendet er sich von dieser Erscheinung, einer Erscheinung, ähnlich der der römischen Aemile und Sulla, zu dem Bilde der ganzen Zeit zurück, die den Gewaltigen trägt. Zwischen dem Schmerz der Verzweiflung und zwischen anfeuernder Hoffnung wogt seine Empfindung und seine Rede hin und her. „Jetzt wird gefühlt, was vor zehn Jahren und fünf Jahren gesündigt ward; weither und weithin rollt das

Rad des Verderbens — wo wird es stillstehn?" Dann, meint er, wird es stillstehn, wenn ein gleich Gewaltiger dem Gewaltigen mit gleichen Waffen entgegentritt. Vielmehr, es wird stillstehn, wenn Alle so fühlen, wie unser Redner fühlt. Sein letztes Wort ist wie sein erstes. Es ist das Wort gläubiger Hoffnung gegen die Stimmung fatalistischer Ergebung. Es appellirt an den lebendigen Menschen, der sich aus dem Mechanismus, zu dem der „Geist" Alles herabgebracht hat, in das volle Gefühl für Freiheit, Tugend und Vaterland zurückfindet. „Wenn jeder Einzelne sich herrlich fühlt, das Volk würdig, das Gesetz heilig, das Vaterland unsterblich, die Fürsten edel — dann fürchtet euch nicht: die Welt ist gerettet. Hundert solche sind Zehntausenden gleich!"

Und einstweilen rollte das Rad des Verderbens unaufgehalten weiter; nicht lange, und es griff unmittelbar ein in das Lebensschicksal unsres Schriftstellers. Wie hätte es anders sein können? Unmöglich konnte es den, der der Kathederweisheit so viel Uebles nachzusagen hatte, lange auf dem Katheder dulden — wir finden ihn während des Sommers 1806 in Stralsund für die schwedischen Angelegenheiten in der Regierungskanzlei arbeitend. Für die Ehre des deutschen Namens tritt er hier in einem Zweikampf gegen einen schwedischen Offizier ein. Ein kleines Vorspiel der Schicksale, in die sein Herz, sein patriotischer Eifer ihn verwickeln sollte! Denn auch an die Küsten der Ostsee wälzten sich nun, nach der Schlacht bei Jena, die feindlichen Truppen. Der Mann, der kecker als ein Andrer dem fremden Tyrannen den Fehdehandschuh hingeworfen, dessen glühende Worte alle deutschen Herzen — nicht erfolglos — gegen ihn in Waffen zu rufen versucht hatten, sah sich genöthigt, als ein Geächteter über das Meer zu fliehen. In Stockholm findet er Schutz und Arbeit. Während ihn aber die schwedischen Dinge in der Staatskanzlei beschäftigen, ist seine Seele ganz bei den deutschen Dingen. Wie diese sich immer verhängnißvoller entwickeln, so folgt er ihnen mit seiner prophetischen Rede. Im Herbst 1806, im Januar und Juli 1807, im Herbst 1808 schreibt er die Stücke, die er zusammen als Zweiten Theil des Geistes der Zeit veröffentlicht — ein Buch, das er selbst ein „wanderndes Bild der Zeit" nennt. Ganz und unmittelbar steht er mit diesen Betrachtungen und Reden in der Gegenwart. Der Grundtext ist der alte. Auch hier beginnt er mit der Kriegserklärung gegen die impotente übergeistige Bildung; auch hier noch schließt er mit einer großen historischen Vision, in der er auf den Anbruch einer dritten Epoche des Christenthums hinweist, welche die Herrschaft des Verstandes brechen, das Werk und die Meinung Luther's wiederaufnehmen und uns „durch den heitern Götterglanz des vergeistigten Christenthums zur Einfalt und Unschuld der Natur" zurückführen werde. Allein dies ist nur der Rahmen des Bildes, das er aufrollt, dies sind nur die am Rande spielenden Farben des Lichtes, welches er ausströmt. Der Sinn seiner Rede ist der, daß die äußere Gestalt der Welt nur aus der innersten Kraft des Gemüths und der Gesinnung geändert werden könne, und daß es der Religion bedarf, um mit tapferem Arm die Noth der Zeit zu bezwingen. Dem Idealismus der Metaphysik hält er den lebendigen Idealismus entgegen, der in der Geschichte den Willen Gottes erblickt und diesen Willen aus dem Gewissen, dem Gebote der eignen Brust versteht. Selbst Fichte hat von diesem allein rettenden Glauben nicht kräftiger und schöner geredet. Ja, er tritt uns hier auf dem Grunde einer noch volleren, noch leidenschaftlicheren Empfindung der furchtbaren Leiden der Zeit entgegen. Schonungslos werden diese Leiden aufgedeckt; denn „tief und ganz muß man sein Uebel durchschauen, um aus der Verwesung wieder Leben zu entzünden." Tief und ganz; ebendeshalb begnügt sich der Redner nicht mit allgemeinen Schilderungen, sondern wenn er jetzt den „großen Grund," den „höchsten und tiefsten Schwung" der Dinge gewiesen hat, so faßt er sie dann wieder fest und klar bis in's Einzelnste und Kleinste in's Auge; wenn er jetzt den Zeitgenossen in's innerste Gewissen geredet hat, so zeigt er dann wieder das ganz Praktische und was zunächst geschehen muß, wenn es besser werden soll. Vollkommen enthüllt hat sich ihm jetzt vor Allem die Gestalt Bonaparte's. Seine Hoffnung, daß der Tag der Rache kommen werde, gründet sich nun in erster Linie gerade darauf, daß dieser Mann „vollkommen böse" und daß seine Größe so unendlich klein ist. Wie freilich hätte der Tyrann mit der „engen, treulosen, blutigen und geizigen Seele" ein solches Werk der Zerstörung vollbringen können, wenn nicht unsre Schwächen und Schäden so gar groß wären? Seit dem Falle Oesterreichs und Preußens sind auch diese Schwächen und Schäden vollkommen enthüllt. Die große Hauptkrankheit der Zeit war jene empfindelnde Humanität, jener weichliche Kosmopolitismus, durch den wir uns bethören ließen, daß „Kriegsruhm wenig, daß Tapferkeit zu kühn, daß Männlichkeit trotzig und Festigkeit beschwerlich sei." Unser Uebel war weiter unsre Verfassung oder Verfassungslosigkeit, jene „unpolitische Gerechtigkeit unsres Volkes, welches das Veraltete selbst nicht aufzuräumen wagte und es nun von Fremden aufräumen sehen muß." So aber war es wegen der Jämmerlichkeit unsrer Herrscher und Führer. Und er charakterisirt sie. Zuerst die Lauheit, den undeutschen Sinn, die Feilheit, die superkluge und gewissenlose Sophistik der Schriftsteller. Sodann die Unfürstlichkeit der Fürsten, die Nebenbuhlerei und die kurzsichtige Politik von Oesterreich und Preußen. Und immer wieder folgt dann der Aufruf zur Ermannung, der begeisterte Ausdruck der Hoffnung auf Sieg und Erneuerung. Er schließt, indem er sagt, worin diese Erneuerung bestehen soll. Keine Wiederherstellung der alten unbehülflichen Verfassung des Vaterlands mit ihren nichtsnutzigen Formeln und Schnörkeln; auch keine kleine Ausbesserung und augenblickliche Flickerei, sondern ein enges, Alle zusammenhaltendes Band! Oesterreich und Preußen allein sollen in Zukunft führen: diesen beiden müssen die übrigen deutschen Fürsten eben so gehorchen lernen für das Vaterland, als sie jetzt Bonaparten gehorchen gegen das Vaterland.

So in der Hauptsache war der Sinn und die Gesinnung, so der Inhalt und der Ton des Buches, von welchem Stein urtheilte, daß es mit „erschreckender Wahrheit" geschrieben sei. Gewaltig schlug es ein in die Zeit und wurde zur Standarte für alle Gleichgesinnten. Mit diesem Buche gedachte gerade darum der große Agitator im Jahre 1812 die Gemüther in Deutschland zu dem Befreiungskampfe aufzuregen: einer der Vorschläge, die er dem Kaiser Alexander in seiner Denkschrift vom 18. Juni jenes Jahres über die Entfesselung und Benutzung der deutschen Kräfte machte, betraf die Verbreitung eines neuen Abdrucks des Zweiten Theils des „Geistes der Zeit" —; ein weiterer Vorschlag betraf die Berufung des Verfassers nach Rußland, um seine Feder für den Dienst der guten Sache zur Verfügung zu haben.

Es waren nichts weniger als frohe Jahre gewesen, welche Arndt in der schwedischen Hauptstadt verlebt hatte. Weder die Menschen noch die Dinge, von denen er hier umgeben war, sagten ihm zu. Zu seinen Lieblingen, den Griechen, zu seinem Hans Sachs und Doctor Luther flüchtete er, wenn ihn das „kleine Nichts" verdroß, das er treiben mußte, „um an der Erhaltung des letzten noch nicht gefallenen Nichts mit stümpern zu helfen." Zu dem Schmerz um das deutsche Vaterland kam der um die Zerrüttung des schwedischen Staats. Ein Träumer saß Gustav IV. Adolf am Steuer des Staatsschiffes, bis das Schiff auf den Strand lief und die in der Bemannung ausgebrochene Meuterei ihn zur Seite schob. Mit hellem Auge sah Arndt die unvermeidliche Entwickelung dieser Tragödie, doppelt tragisch, weil auch sie einen Sieg Napoleon's bedeutete. Und als nun rasch auf die schwedische Katastrophe andere Unglücksbotschaften folgten, als 1809 Schill gefallen und die Oesterreicher abermals geschlagen waren, — da brannte ihn die Stelle, auf der er stand. Unter dem Namen eines Sprachmeister Allmann landet er, die Fährte seiner Flucht hinter sich verwischend, in Rügenwalde; zu Schiff und zu Fuß zieht er westwärts an der Pommerschen Küste entlang nach Trantow an der Peene, dem Orte, den sein Vater in den letzten Jahren bewirthschaftet und wo nun die überlebende Familie ihren Wohnsitz behalten hat. Selbst hier indeß — auch in der Heimath befindet er sich ja auf französischem Boden — ist für den Geächteten keine Sicherheit: er wählt einige Monate Berlin zu seinem Versteck, bis er, nach der Rückgabe des Landes an Schweden, auf seine alte Stelle in Greifswald zurückkehren darf. In der gedrückten Muße dieser Zeit schreibt er für sich die schwedischen Geschichten nieder, deren Zeuge er gewesen. Aber nicht auf solche Muße oder auf historische Aufzeichnungen der Gegenwart ist er gestellt. Am wenigsten denkt er an so unsicherer Stelle sich gemüthlich festzusetzen. Eine Heimath will er erst haben, wenn er wieder ein Vaterland hat. In dem Moment, wo sich, nach Osten deutend neue Wetterwolken an dem europäischen Horizonte zusammenzogen, hat er nur Einen Gedanken: den, sich innerlich und äußerlich auf die kommenden Begebenheiten und für seinen patriotischen Beruf zu rüsten. Was kümmerte ihn das Geschwätz der Freunde und Verwandten, daß er ein ruheloser Geist, leichtsinnig und leichtfüßig sei? Er schrieb sich in diesem Winter von 1810 auf 1811 seinen eigenen Katechismus. In diesem Katechismus standen die Worte: „Folge Deinem Triebe und entbehre Vermögen, Geschrei der Menge, Beifall der Stunde; nur wer Eins fest will und im Auge behält, ist immer groß.“ In solcher Gesinnung, in dem alten, dem Manne gebliebenen Glauben seiner Jugend, daß es nur eines keuschen und frischen Leibes, nur frommen Muthes und fester Heiterkeit bedürfe, um „glorreich durchzukommen“ — so entschließt er sich, seine Greifswalder Stelle aufzugeben und sich reisefertig zu machen. Alle Vorbereitungen sind endlich Anfang 1812 beendet; ein kurzes, schmerzliches Losreißen von den Seinen, — und mitten durch die Feinde, die jetzt von Neuem das Land überschwemmen, gelangt der Flüchtling auf preußisches Gebiet. Sein Weg geht über Berlin nach Breslau; das Ziel konnte kein anderes sein als das so vieler anderer Tapferen, die jetzt in dem großen Reiche in Osten den letzten Hort europäischer Freiheit, den letzten Damm gegen die Napoleonische Universalmonarchie erblickten: er war längst mit Pässen nach Rußland versehen.

Wunderbares Zusammentreffen! Wohin ihn freiwillig sein Schicksal und seine Gesinnung rief, ebendahin begehrte ihn als Gehülfen der großen Befreiungsarbeit Stein, der Dränger und Treiber Kaiser Alexander's. In Prag, wohin sich Arndt, nach Napoleon's Aufbruch von Dresden, begeben, überbrachte ihm Gruner die Botschaft des Ministers. In abenteuerlicher Fahrt ging es durch Böhmen und Gallizien, über Moskau nach Petersburg. Gegen Ende August stand Arndt vor „seinem Herrn.“

Eine neue Epoche seines Lebens begann mit dieser Begegnung. Er hatte die Stelle gefunden, an die er gehörte. Ein schöneres Bild hat unsere Geschichte kaum aufzuweisen, als das Zusammenstehn dieser Beiden in dem Werke der Begeisterung, der Aufregung und Fortreißung der Völker gegen den fremden Ueberzieher; ein schöneres Capitel giebt es nicht in dem Leben Arndt's als das, welches er selbst unter der Ueberschrift: „Meine Wanderungen und Wandelungen mit dem Reichsfreiherrn v. Stein" noch in spätesten Tagen mit jugendlicher Lust ausführlich beschrieben hat. Und diese Beschreibung bedarf keiner Ergänzung und keines Commentars, außer soweit die Bescheidenheit des Erzählers sich selbst zu klein zurückgestellt hat. Denn überall hier erscheint das Verhältniß als das des Herrn und des Dieners: in dem Gedächtniß der Geschichte aber soll es richtiger als das einer natürlichen Genossenschaft, einer Gemeinschaft des Geistes und der Kraft fortleben. Mehr als Ein Mal hatte Arndt in seinen prophetischen Klag- und Ermahnungsschriften nach dem „großen Mann" ausgeschaut, der „gewaltig, gebietend und schnell" gegen den Korsen eintreten und zu seiner Ueberwindung „fürchterlich kühn die Kräfte der Welt anstrengen" werde. Wie hätte er diesem Mann, nun er ihn gefunden, sich nicht unterordnen sollen? Der Erste war ja Stein unbedingt, aber er bedurfte eines Zweiten, der im tiefsten Grunde seines Herzens so Steinisch fühlte und dachte wie er selbst, der, auch wo er nur diente und gehorchte und ausführte, doch aus eigener gleicher Meinung und wie aus freier Eingebung handelte. In der Mächtigkeit und Lebendigkeit vaterländischer Gesinnung, in der Gluth des Hassens und Liebens, in Hoheit und Reinheit des Gemüths, in Sittlichkeit und echter Frömmigkeit war der Diener dem Herrn, der geborne Plebejer dem Reichsfreiherrn vollkommen ebenbürtig. Das Bewußtsein dieser inneren Gleichheit hat ihn auch in der That niemals verlassen; deutlich schlägt es durch das Bekenntniß der Unterordnung und durch die Formen huldigender Ehrerbietung durch. Die Verschiedenheit des Standes und des Naturells entfernte die Beiden nie so sehr, als die Verwandtschaft ihres inneren Menschen, die Gemeinsamkeit des letzten Grundes, aus dem, und des letzten Zieles, für das sie handelten, sie verband. Wohl gab es gelegentliche Anstöße in diesem Verhältniß; das Heftige und Herbe in Stein's Wesen, das Sprung- und Stoßweise seines Verfahrens wollten mit Geduld und Klugheit ertragen, sein Stolz, der ihn zwar freundlich, aber nie zutraulich werden ließ, wollte durch Selbstgefühl erwiedert und durch Liebenswürdigkeit und Heiterkeit von Seiten des Andern überwunden werden. Arndt verstand die Kunst, die Arbeit des Löwen zu theilen, ohne dabei zu kurz zu kommen, den Zorn und Trotz des Löwen zu besänftigen, ohne sich dabei etwas zu vergeben. Die Demuth, mit der seine „Kleinheit" sich neben die Größe

Stein's setzt, hat seiner Tapferkeit, seiner Offenheit und Wahrhaftigkeit niemals Abbruch gethan. So sind die Beiden eine gute Strecke mit einander durch's Leben gegangen, so mögen wir sie zusammen als die beiden reinsten Träger des Geistes einer großen Zeit und der in dieser Zeit sich bildenden nationalen Idee verehren. Neben dem Reichsritter der Mann aus dem Volke! Wo wir uns mit bewundernder Ehrfurcht vor Stein beugen, da mögen wir uns dem Andern mit rückhaltloser Liebe nahen. Wir blicken hinauf zu dem Mann der kühnen That: wir verstehen uns auf Blick und Wort mit dem Mann der kühnen und doch milden, der warmen und klaren, der hinreißenden und überzeugenden Rede. Wie oft hat man Stein den politischen Luther Deutschlands genannt: die Wahrheit ist, man muß Stein und Arndt zusammen nehmen, um das vollständige Bild des großen Reformators zu haben. Zu diesem Bilde gehört zuerst das Scharfe, das Rücksichtslose, das Niederwerfende, Vordringende, Thatenlustige, es gehört nicht minder dazu das Sinnige und Gemüthliche, das Fröhliche, Menschliche, Volksmäßige. Wie Stein würde Luther gehandelt, — wie Arndt würde er gelebt und geliebt, gesprochen und gedichtet haben.

Wir haben, dünkt uns, das bezeichnende Wort gefunden. Von Luther'scher Kraft, von Luther's volksthümlicher Einfachheit sind die Schriften und Lieder, die er nun im Dienste Stein's und der guten Sache, theils in unmittelbarem Auftrag, theils aus dem eignen Herzen ausgehen ließ. Die Betrachtung der Dinge aus einer höheren Perspective darf zurücktreten vor dem Anfassen des Nächsten und Gegenwärtigen. Nicht die Zeitgenossen im Allgemeinen, sondern die zum Handeln in erster Linie Berufenen, die zum Aufstand Gerüsteten, die Bewaffneten, die Kämpfenden, die Siegenden redet er an. Es gilt zuerst die Sammlung der deutschen Streitkräfte in der in Rußland gebildeten Fremdenlegion; es gilt dann, nach der großen Wendung des Napoleonischen Schicksals, die Organisation einer preußischen, einer deutschen Volkswehr. Nachdem er zuerst in Petersburg die „Glocke der Stunde" geläutet, schreibt er in Königsberg das Büchlein über „Landsturm und Landwehr." Er schreibt vor Allem seinen „Katechismus für den deutschen Kriegs- und Wehrmann." In der Sprache der Bibel reden die zwanzig Capitel dieses Büchleins von dem großen Tyrannen und von dem fremden Volke, von der Soldatenehre und der Mannszucht, von der Gottesfurcht, der Eintracht, der Demuth, der Hingebung, lehren sie, „wie ein christlicher Wehrmann sein und mit Gott in den Streit gehn soll." In dem Geiste dieses Katechismus ist damals von dem deutschen Volke gekämpft und gesiegt worden; in tausend und aber tausend Exemplaren ist er verbreitet worden, haben seine Worte, mit ihrem treuherzigen Ernst, ihrem frommen und zuversichtlichen Ton den Kämpfenden das Herz fest und froh gemacht, die Verwundeten und Sterbenden getröstet. Auch das, fürwahr, sammt all' den kleineren Flugblättern, wie sie nach Zeit und Gelegenheit von dem Unermüdlichen ausgestreut wurden, ist ein Stück deutscher Literatur. Auch die Literatur thut nun den Dienst des Volkes, sie stellt sich in Reih' und Glied, sie bewaffnet sich mit dem Landsturm, sie macht aus den Ideen, die in ihr groß gezogen worden, Eisen und Brod und was sonst einer um ihr Leben ringenden Nation das Nöthigste ist. Die Worte unsres Schriftstellers sind die Worte Eines, den es gelegentlich verdrießt, „Federleserei zu treiben“ und der dann lieber den Säbel umschnallte, sich als Reiter rüstete und zu den Schwarzen zöge. „Da weiß man wenigstens immer, was man soll“ — so schreibt er während des verstimmenden Aufenthalts in Dresden, im April 1813, wo Stein, jetzt an der Spitze des Verwaltungsraths für die deutschen Angelegenheiten, ihn gelegentlich mit manchem unnützen und ärgerlichen Geschäfte plagte.

Neben allen solchen Geschäften nichtsdestoweniger findet er nicht blos zu Flugschriften, sondern auch zu größeren geschichtlichen Vor- und Rückblicken Zeit. Schon in Petersburg hat er in einem historischen Almanach (1812) einzelne Capitel einer Geschichte seines Volkes drucken lassen; in Breslau, im Frühling 1813, „auf der Flucht des Lebens,“ ergänzt er sie zu den „Ansichten und Aussichten der deutschen Geschichte;“ in Dresden wird er mit einem Dritten Theil des „Geistes der Zeit“ fertig, um nun, in wieviel gehobnerer Stimmung als bei den ersten Theilen, wie andere Ereignisse an dem Blicke des Lesers vorüberzuführen, um nun an die alten Mahnungen neue über die Pflicht der Wiederherstellung und Wiedereinrichtung des Vaterlandes zu knüpfen! Gelegenheitsschriften auch dies, aber solche, welche das, was der Moment fordert, mit Vergangenheit und Zukunft, mit allem Hohen und Tiefen der Idee und Gesinnung in Zusammenhang bringen. Eins endlich giebt es, worin dieser Idealismus sich am reinsten zusammennimmt. Manches Arndt'sche Blatt ist und manches andre wird im Strome der Zeit untergehn: aber von Geschlecht zu Geschlecht und von Mund zu Mund — so ist das Vorrecht der Dichtung — werden seine Lieder, die rauhen und doch süßen Lieder fortleben, die damals die Unsrigen schlagen und siegen halfen.

Ein achtzehnjähriger Jüngling hatte Arndt sein erstes, uns erhaltenes Gedicht, ein Siegeslied auf die Hermannsschlacht gedichtet. Es verräth uns, unter welchen literarischen Einflüssen seine Jugend stand. Er war aufgewachsen in jener Epoche wiederaufgehender deutscher Poesie: man erfreute sich, auch in seinem elterlichen Hause, an den Erstlingen Göthe's, vor Allem an den Liedern der Klopstock, Bürger, Voß und Stolberg. In den Ton dieser Sänger einzugehen, wie ihn mit glücklicher Leichtigkeit auch der befreundete Kosegarten anstimmte, war dem Lebensmuth des Jünglings natürlich. Alle weicheren und unbestimmteren Regungen seines Herzens klang er ohne Mühe in die bequemen, von jenen Dichtern zurechtgelegten Formen der Sprache und des Verses aus, er fiel bald ebenso leicht in den Ton Schiller's oder Göthe's, oder versuchte sich gar in der Künstelei eines Sonettes. So spielte er mit Reimen, um seine Lust an der Natur, um sein Gefühl für Freundschaft und Liebe, um heitere und schmerzliche Lebenseindrücke wiederzugeben, um eine Sage oder ein Mährchen, eine vorüberschwebende Phantasie, einen Traum, eine Stimmung zu befestigen. Die meisten dieser Jugendpoesien sind harmlos und unbedeutend; am besten gerathen ihm die Gesellschafts- und Trinklieder, die Lieder, die eine persönliche Beziehung haben. Der beste Schatz seines Gemüths jedoch und der tiefste Ernst seines Wesens vermag nur selten in diese Spiele einzudringen: in dem trüben Sommer 1807 klagt er einem Freunde, daß das Politische das Poetische in ihm ganz zu zerstören drohe. Inzwischen lernt er von den Griechen, wie die beredteste Dolmetscherin patriotischer Empfindungen doch die Dichtung ist. Er begleitet die Prosastücke seines Zweiten Theils des Geistes der Zeit mit Uebersetzungen von Liedern des Kallinus und Tyrtäus und dichtet ihnen selbst seine ersten Kriegslieder nach. Mit dem Jahre 1810 sodann bemächtigt sich der Zorn über die Schmach des zertretenen Vaterlandes noch entschiedener der poetischen Form. Das Poetische ist ihm nun nicht länger ein bloßes Spiel der Erholung; er lebt jetzt nur Ein Leben; Politisches und Poetisches hören auf neben einander zu stehn — er ergreift ihre Einheit in inbrünstigem Gebete, in lautem Ruf nach Waffen und nach Rache. Nun verschwinden die mythologischen Tändeleien aus seinen Gedichten; an die Stelle der blos poetischen Götter tritt der „alte treue deutsche Gott." Und der alte Gott bezeugt und bewährt sich. Ein Hauch der Hoffnung und Begeisterung geht von Neuem durch die Welt; es ist Ereigniß geworden, was sonst nur in der Phantasie der Dichter lebte; Deutschland hat seinen zweiten Hermann gefunden, es giebt wieder wirkliche Schlachten und Helden zu singen. „Das ganze Deutschland soll es sein!" so weit darf die Sehnsucht des Sängers nach einem freien Vaterlande die Fittiche wieder ausspannen; begeistert von den gegenwärtigen Thaten seines eigenen Volkes, und aus dem Herzen dieses Volkes singt er dem Volke helle, frische, tapfere Lieder in die Seele:

Der Gott, der Eisen wachsen ließ,
Der wollte keine Knechte,
Drum gab er Säbel, Schwert und Spieß
Dem Mann in seine Rechte,

Drum gab er ihm den kühnen Muth,
Den Zorn der freien Rede,
Daß er bestände bis auf's Blut,
Bis in den Tod die Fehde.

Laßt wehen, was nur wehen kann,
Standarten wehn und Fahnen!
Wir wollen heut uns Mann für Mann
Zum Heldentode mahnen:
Auf! fliege, stolzes Siegspanier
Voran dem kühnen Reihen!
Wir siegen oder sterben hier
Den süßen Tod der Freien.

Ja, das waren wieder echte Volks- und Soldatenlieder, das Lied von Schill und von Gneisenau, von den Preußen und ihrem König, von dem Marschall Vorwärts und von Scharnhorst und Stein! Schlicht und schmucklos, wie Eisen hart und scharf, sind sie von noch männlicherem Klang als die beredten Gesänge Körner's, von soldatischerer Haltung als die ritterlich-romantischen Dichtungen Schenkendorf's. Der Marschschritt und der Trommelschlag tönt in ihrem Rhythmus, die frische Reiterlust, der losgebundene Zorn gegen die Fremden, Todesmuth, Siegeshoffnung, Gottvertrauen athmet aus ihren Worten. —

Die große Entscheidungsschlacht war endlich geschlagen, der Fluch der Fremdherrschaft war gebrochen. Arndt hatte den Sommer über, theils in seines Herrn, theils in eignen Geschäften, in Berlin, in seiner Pommerschen Heimath, zuletzt in Reichenbach, dem Schlesischen Congreßort, gelebt. Von Leipzig, wohin Stein ihn nach der Octoberschlacht citirt hat, läßt er seine nächsten Flugschriften ausfliegen. Sie haben den Zweck, das Geschehene zu deuten, das Künftige vorzubereiten. Dem „preußischen Volk und Heer" widmet er jubelnd die ersten Worte. Wir haben früher gesehen, wie er zum politischen Menschen geworden, wie sein schwedisches Herz sich in ein deutsches gewandelt und wie fortan die Liebe und Leidenschaft für Deutschland ihn ausschließlich erfüllte. Die Dankrede an das preußische Volk und Heer ist das Denkmal einer neuen Wendung in seinem politischen Bewußtsein. Zehn und acht Jahre früher — wie hart und einseitig hatte er noch über Preußen geurtheilt! In Preußens großem König hatte er überwiegend den Repräsentanten jener aufklärerischen Verständigkeit erblickt, die alles frische Leben erstickt, alles Natürliche und Freie in die Fesseln des Mechanismus gezwungen habe. Offen hatte er seine Abneigung gegen den despotischen norddeutschen Staat ausgesprochen, hatte die Monarchie Friedrich's des Großen beschuldigt, daß sie das letzte Band zwischen dem Norden und Süden Deutschlands aufgehoben habe. An diesem Urtheil hatte die Zeit und hatte nicht minder die unklare Sehnsucht unsres Romantikers nach einer freieren, frischeren, naturwüchsigen Existenz Schuld. Aber Alles war seitdem neu geworden. Es war an den Tag gekommen, welche lebenschaffenden Triebe unter dem spröden Eise des norddeutschen Wesens verborgen lagen, welche Gefahren, zumal wenn es sich um politische Leistungen handelt, an der „Lebensfröhlichkeit und Gemüthlichkeit“ des Süddeutschen haften. Es hatte sich gezeigt, was es bedeute: ein wirklicher Staat sein, und, vor Allem, dieser preußische Staat hatte thatsächlich in sich die Wiedergeburt vollzogen, von der Arndt unablässig gepredigt hatte. Das Preußen von 1813 war ein andres als das Preußen von 1805. Die Noth, die es erduldet, hatte die Idee, auf der es gegründet, den erstorbnen und erstarrten Geist in ihm wieder lebendig gemacht. Durch das Vertrauen auf das freie Walten dieses Geistes, durch die sittlichen Kräfte, die sich in Folge dessen aus dem Grunde des Volkslebens emporhoben, durch Liebe und Treue war der kleine und schwache Staat wieder ein großer und mächtiger geworden. Diese Wandlung, in glänzenden Waffenthaten bewährt, begriff und pries unser Verfasser. Die Wirklichkeit hatte seine romantischen Vorstellungen geläutert, berichtigt. Die Preußen galten ihm nun mit Recht als die „Beginner der deutschen Herrlichkeit,“ als die „glorreichen Vortreter und das erste Beispiel der Freiheit und Ehre.“ In Preußen sah er nun seit der Leipziger Schlacht den rechten Eckstein Deutschlands — er ward „mit voller Liebe und Zuversicht ein Preuße.“

Das ist das Große in diesem Manne, daß er bei aller Beweglichkeit der Phantasie und Empfindung auf unerschütterlichem Grunde der Gesinnung feststeht. Seine Empfindungen, wie er selbst in einer seiner Vorreden sagt, wanken und wandern wie die Zeit, seine Gesinnungen stehen und bleiben wie die Ewigkeit. Es steht und bleibt der Kern seiner Anschauungen und Ueberzeugungen, aber die wirkliche Entwickelung der Dinge behält das Recht, den bestimmten praktischen Inhalt derselben zu corrigiren. So fühlt er sich in einem geheimen, in lebendigem Einverständniß mit der Bewegung der Welt; er weiß, daß „Alles einmal Geschichte wird, was aus einem muthigen und redlichen Sinn entsprang,“ und die Geschichte wieder gilt ihm als die höchstberechtigte Deuterin seiner Visionen. So ist er bis in sein spätestes Alter im Zusammenhang geblieben mit dem Fortschritt der sich immer neu gestaltenden Zeit; so ist er — glücklicher als Stein — bewahrt geblieben vor jeder Verhärtung und Versteifung. Niemals ist Jemand weniger der Versuchung ausgesetzt gewesen, welcher Johannes Müller unterlag, „sich umzudenken:“ niemals ist Jemand bereiter gewesen, umzulernen, wo es nöthig war. Dem festesten Gemüthe diente das offenste und beweglichste Auge. Darum erwartete er jetzt nicht mehr wie ehemals von Oesterreich, sondern von Preußen das Heil, darum änderte er jetzt ebenso in dem Schriftchen „über das Verhältniß Englands und Frankreichs zu Europa“ sein früheres ungünstiges Urtheil über die britische Nation. Hatte diese Nation doch gezeigt, daß ihr Eigennutz mit den höchsten Gefühlen für Ehre und Freiheit verträglich sei. Es war in der Ordnung, daß er dem Lobe der Preußen eine glänzende Apologie, eine beredte Verherrlichung der „tapferen, hochherzigen Briten“ nachsandte.

An diese Urtheile über das Geschehene aber, an den immer hindurchtönenden Jubel, daß wir endlich wieder „frei athmen und wie freie Männer zu den Sternen aufblicken,“ knüpfen sich Mahnungen für die nächste und die weitere Zukunft. Während Schriften wie die über „Volkshaß und den Gebrauch einer fremden Sprache,“ „Ueber Sitte, Mode und Volkstracht“ den deutschen Sinn in den Gemüthern zu befestigen suchen, bezeichnet er zugleich mit schärfster Voraussicht die nächsten politischen Pflichten und Aufgaben. Unmittelbar nach dem Uebergang der verbündeten Heere über den Rhein las man in den Hauptquartieren die Schrift „Der Rhein Deutschlands Strom, aber nicht Deutschlands Grenze.“ Es ist die politische Version seines Vaterlandsliedes, der aus Geschichte, Recht und Politik geführte Beweis, daß Frankreich sein Uebergewicht über Deutschland und über Europa behalten müsse, sobald es den Rheinstrom behalte. Und die deutsche Ehre, die deutsche Liebe und Treue läßt er zuletzt mit all' ihren Gewichten sich anhängen an jene historisch-politischen Argumente. „Jetzt oder nie!“ so rief er damals, als die Gelegenheit die günstigste war. Jetzt oder nie! — mögen wir brennend den Vorwurf dieser Worte in einem Momente fühlen, der uns die Gefahren lebendiger als je zu Gemüthe führt, welche aus der Versäumniß jener Mahnung entsprungen sind! Er mahnte bald darauf noch Anderes, und bald gab es noch andre Versäumnisse zu beklagen. Im Angesicht des nun gewissen Sieges, im Winter 1814 sprach er von Frankfurt aus das zweite Hauptwort, die Neugestaltung von Deutschlands inneren Verhältnissen betreffend. Er fühlte, daß er es hier mit dem Schwersten zu thun habe und daß hier die lange Entwöhnung von aller selbständigen politischen Thätigkeit, die deutsche Geduld und Trägheit ein schwer zu überwindendes Hinderniß sein werde. Eben darum kämpft die Schrift „Ueber künftige ständische Verfassungen in Deutschland“ vor Allem wieder gegen die Ideologen und „Theoristen,“ gegen die, welche Staaten aus purer Vernunft in die Luft bauen möchten. Er tritt vor Allem für den Stand ein, dem er selbst entsprungen. Auf

Majorate soll der Adel gegründet werden; eine ähnliche Festigkeit des Grundbesitzes soll für den Bauer geschaffen werden; „nach der Weise der Väter“ will er auch die Bürgerschaften in Innungen und Zünften zusammenschließen: die geistigen Elemente als solche zu Bestandtheilen der Staatsverfassung zu machen, erklärt er geradezu für Thorheit und Frevel. Durchaus an das Leibliche und Irdische, mit Einem Worte, will er den Staat gebunden wissen; seine Vorschläge — nur allgemeine Winke, wie er selbst sagt, — sind unendlich conservativ; aber sie sind im reinsten Eifer für Recht, Gesetz und Freiheit gefaßt. Er fordert nur das Billigste und Unerläßlichste, aber um so stärker betont er die Hoffnung, daß absolutistische Willkür nie wiederkehren werde, daß Fürsten und Volk durch die große Zeit gelernt haben würden, „daß nur das deutsche Ordnung heißt, Gesetzen gehorchen und nach Gesetzen regieren, und daß wir den Schimpf solcher Einrichtungen nicht dulden müssen, welche nicht Freien geziemen, sondern Knechten.“

Und immer und immer wieder, wie es die erste Regel einer wirksamen Publicistik ist, kömmt er auf dieselben Punkte zurück. Er ist ein unvergleichlicher Wiederholer. Was sittlich und was politisch, was nach Außen und was nach Innen Noth thue, die Abwendung von allem wälschen Wesen, allem Spielen und Buhlen mit demselben, die Herstellung der alten deutschen Grenze gegen Frankreich, die Hochhaltung und Stärkung Preußens, die Herrichtung von Verfassungen: das ist der Inhalt zahlreicher weiterer Flugschriften aus dem Herbst 1814 und dem Winter 1815. Man muß sich, wenn man sich an der Frische aller dieser Worte erfreut, daran erinnern, daß es eben nicht Worte eines stubensitzenden Schreibers sind, sondern daß sie auf der Wanderung entstehen, nicht Buchweisheit wiederkäuend, sondern unmittelbar aus dem Leben schöpfend. Einem Vogel vergleicht er sich selbst; der Vogel sitzt bald auf diesem, bald auf jenem Zweige und läßt seine helle Stimme bald warnend, bald ermunternd, immer zur rechten Zeit und an der rechten Stelle ertönen. Wenn er so dringend, so nachdrücklich einmal und zweimal und unaufhörlich das Lied von dem nothwendig deutschen Rhein seinen Landsleuten in die Ohren sang, so war es, weil er nur eben, im Sommer 1814, von Frankfurt aus die schönen Rheinlande bis nach Straßburg hin durchstreift und die tüchtigen deutschen Menschen, die da wohnen, sich angesehen hatte. Zu Fuß, den Säbel an der Seite, den Stock in der Hand, wurden diese Wanderungen unternommen. Es gehe, so war Zeitlebens seine Meinung, keine Lust und Freiheit über die des Fußgängers; dem Fußgänger gehöre die Welt, und nur so erkunde man Land und Leute. Zu Fuße war er denn auch im Herbst 1814 durch die Wetterau, den

Teutoburger Wald und die Porta Westphalica über Hannover und Braunschweig nach Berlin gewandert, und von Berlin aus hatte er in rascher Folge seine neuesten kleinen Sachen ausgestreut. Er accompagnirte und glossirte mit ihnen die Verhandlungen der Diplomaten, welche jetzt in Wien zum Congreß bei einander saßen. Wie tapfer trat er ein für seinen neuen Auserwählten, für sein Preußen, dem er, der Pommer, nun bald auch äußerlich angehören sollte, wie grollte er den Großen und Kleinen, deren Neid und zettelnde Habsucht in Wien wie in Paris Preußens gerechten Ansprüchen entgegenarbeitete! Und nun kam neue Hoffnung mit dem Aufbruch Napoleon's von Elba im Frühjahr 1815. Rasch und mit flammendem Griffel schrieb Arndt seinen neusten Aufruf gegen die Franzosen und rasch flog er mit den wieder nach Westen ziehenden Heeren an den Rhein. Erst in Aachen, dann in Köln, an der großen Kriegsstraße, schaute er in den neuen Krieg, und was derselbe bringen werde, hinaus. Unmuthig genug sprach er sich damals gegen die nächst Befreundeten über die „Dummheit und Schlechtigkeit aus, womit Alles behandelt wird, was das Volk so großherzig und fromm bereitet hat;“ aber öffentlich that er nur desto eifriger seine Pflicht. Um durch Stätigkeit die Wirkung seiner Worte zu verstärken, giebt er im Sommer 1815 bis Winter 1816 eine Zeitschrift heraus. Am „heiligen Rhein“ will er Wache halten: er nennt seine Zeitschrift den „Wächter.“ So lange die Loose des Krieges und des Friedens noch nicht gefallen sind, drängt er nun auch hier auf die Wiedergewinnung von Elsaß und Lothringen, auf die Herausgabe alles früher von den Franzosen Geraubten und Entführten, auf Nachholung dessen, was im Frühling 1814 nicht erlangt oder versäumt war. Wie aber dann offenbar ward, daß auch der neue Friede nur wie ein Waffenstillstand geschlossen sei — da wieder predigte er, nicht etwa pessimistische Verzweiflung am Vaterlande, sondern daß es nun doppelt noth sei, auf die Zukunft und auf Gott zu vertrauen, redlich das Unsrige zu thun, den kleinen Dieben des Vaterlandes das Spiel zu verderben und des alten Spruches eingedenk zu bleiben: Graeciae civitates, dum singulae imperare volunt, omnes libertatem amiserunt. Deutsche Verfassung und deutsche Verfassungen ist nun seine Loosung. Gegen die Verzögerer wie gegen die Uebereiler gekehrt, wiederholt er seine conservativen Rathschläge, bricht er namentlich noch einmal eine Lanze für die Erhaltung, Festigung und Stärkung des Bauernstandes.

„Mit dem Wächter,“ so hatte Arndt im August 1815 an einen Freund geschrieben, „will ich ein wenig streuen, bis wir Frieden haben; dann muß ich ein paar Jahre ausruhen und studiren, sonst werde ich bei allem dem Schreiben zuletzt unwissend und dumm.“ Noch über den Frieden hinaus hatte er auf seinem Posten ausgehalten: um so ernster mochte er sich nun nach Ruhe sehnen. Nach Ruhe, wie ein solcher Mann sie haben und halten kann. Seine Sehnsucht war vor Allem nach einer festen Heimath in Preußen und nach Muße zu ernster, sich und Andern ersprieß-licher Arbeit gerichtet. So war der Wunsch seiner Seele schon damals gewesen, als ihn die Noth seines Vaterlandes nimmer ruhen und rasten ließ. Wäre nur das Vaterland frei gewesen: er hätte für sich schon damals nichts begehrt als „ein Plätzchen in Germanien, wo die Lerche über mir singen darf, ohne daß ein Franzose sie herabschieße.“ Und auch wo dieses Plätzchen liegen solle, wenn nicht auf der Insel der Ostsee, hatte er sich ausgedacht. Einen Moment lang schwieg im Sommer 1813 der Lärm der Waffen; da, zu Reichenbach, hatte er den Traum seiner Zukunft geträumt, und der „Künftigen“ die Wahl gelassen, wo sie mit ihm hinziehen wolle:

Wählst Du das Eiland, sprich, das Stillen geziemt und Zufriednen?
Oder gefällt es Dir mehr, wo es lebendiger ist?
Dann komm mit mir zum Rhein, zum heiligen Strom der Germanen,
Wo an den Ufern der Glanz blühender Reben sich hebt,
Wo sich mit lichterem Blau ein milderer Himmel erwölbet,
Wo sich ein reges Geschlecht fröhlicher Menschen bewegt!

Der Traum war Wirklichkeit geworden. Hardenberg hatte es übernommen, die Schuld zu zahlen, für welche Deutschland den patriotischen Diensten Arndt's verpflichtet war. Nach einem längeren Aufenthalte in der alten Heimath und einer Reise nach Dänemark, siedelte Arndt im Herbst 1817 nach Bonn über, und trat demnächst die ihm auf seinen Wunsch verliehene Professur der Geschichte an der hier neu gegründeten Universität an. Gleichzeitig hatte er sich zum zweiten Mal ein „tapferes und treues Weib“ gewonnen — Nanna Maria, die ältere von den beiden Halbschwestern Schleiermacher's. Und in jeder Weise gedachte er sich häuslich festzusetzen, sich „eine Art Beständigkeit in der unbeständigen Zeit“ zu gründen. Am linken Ufer des Rhein baute er sich das „wohl umwehte“ Häuschen, das „die Herrlichkeit des Siebengebirges gerade auf's Korn nahm:“ — die Tage von Greifswald schienen sich glücklicher erneuern zu sollen.

Hätte nur, ach! zu diesem Glück nicht das Beste gefehlt, das Unentbehrliche für einen Mann, den das Wohl und Wehe des Vaterlandes wie sein eigenes berührte! Seit dem Herbst 1815 hatte Arndt den Wechsel von Luft und Wind bemerkt, der in den oberen Regionen vor sich ging. Während in ihm selbst der Geist, der die Befreiungsschlachten geschlagen, unverlöschlich glühte, so war er bei denen, die jetzt die Führer und Einrichter der wiederbefreiten Nation sein sollten, verflogen, oder mit der

Asche des Mißtrauens zugeschüttet worden. In beispiellos raschem Vergessen der Noth, die man erlitten, der Kräfte, die uns gerettet hatten, lenkte man zurück zu den alten, nur eben erst gerichteten Künsten und Listen des Regierens; die Nation hatte ihren Dienst gethan; sie mochte abtreten und denen wieder Platz machen, die uns schon vordem in Schmach und Schande hineinregiert hatten. Wie sollte über dieser Verkümmerung aller vaterländischen Hoffnungen dem Propheten von 1805 und 1808, dem Verkünder und Erwecker der Gefühle von 1813 und 1814 das Herz nicht entbrennen, wie sollte er schweigen, während öffentlich und geheim die Verläumdung und Verdächtigung, die Schlechtigkeit und Dummheit ihre Stimme erhob? Er schrieb im Jahre 1818 den Vierten Theil des „Geistes der Zeit.“ Gleich aus dem ersten, poetischen Capitel: „Vorwärts und Rückwärts“ mochte man die Meinung des Buches herauslesen: es war von Anfang bis zu Ende ein Fehdebrief gegen die bereits mächtig angewachsene Reaction. Nun vollends bedurfte es nicht mehr der theoretischen Grundlage wie ehemals; nicht bewiesen braucht zu werden, was die Zeitgenossen selbst erlebt und empfunden und gedacht haben. „Wir haben wieder ein Vaterland erlebt, Deutschlands Ehre und Freiheit ist wieder ein Klang und ein Gefühl geworden, und in Zorn und Haß, in Liebe und Freude sind Millionen deutscher Herzen für das Unvergängliche und Ewige bewegt“ — wer so sprechen kann, der darf sicher sein, daß er nur das Organ von Millionen ist; er spricht nicht eine Meinung aus, sondern er zeigt nur, was offenbar ist und zum Himmel schreit. Es ist niemals der Ehrgeiz dieses Schriftstellers gewesen, etwas Besondres und besonders Blendendes zu sagen; wessen er sich rühmt, das ist, daß er unter allen Umständen und rückhaltlos „die gemeine Wahrheit“ gesagt hat. Von keiner seiner Schriften gilt dies in so hohem Grade, wie von dieser. Die gemeine Wahrheit spricht er aus, wenn er über die haltlose Lockerheit des neu constituirten deutschen Bundes und über den Souveränetätsdünkel der deutschen Klein- und Mittelstaaten Klage erhebt. Die gemeine, ja recht eigentlich die handgreifliche Wahrheit spricht er aus, wenn er, gegenüber den „Einflüsterungen und Einschüchterungen“ jener Tage, die Erfüllung der gegebenen Verfassungsverheißungen fordert. Denn, sagt er, „noch ist Fluth und Gluth in den Herzen, noch ist der Muth frisch, die Hoffnung grün, das Streben edel: jetzt könnte noch etwas Lebendiges und Tüchtiges werden.“ Diese Wahrheit der Sache und diese Wahrhaftigkeit des Sagens giebt den Capiteln über Verfassung und Preßfreiheit, über Orden und geheime Gesellschaften, über die deutsche Wehrmannschaft und das deutsche Turnwesen ihre unvergleichliche Popularität und Ueberzeuglichkeit. Die rechte Wurzel des Jammers jener Tage hat er erkannt und er trifft sie mit seinen schärfsten Schlägen da, wo er die Polizeiwirthschaft in allen und jeden Formen brandmarkt. Eine wälsche Erfindung nennt er sie „unsern zweiten, unsern deutschen Napoleon“ und faßt seine Meinung in dem Satze zusammen: „Lieber gar nichts davon, als zuviel!“ Um es kurz zu sagen: dieses Buch ist so durch und durch gesund, wie die Zustände faul und krank waren, gegen die es ankämpft. In dem großen Umschwunge der Zeit, in dem jähen Wechsel von tiefster Erniedrigung zu höchster Erhebung, von höchster Erhebung zu rascher Ermattung, in der verwirrenden Folge der aufklärerischen, der romantischen und der restaurativen Tendenzen, in all' diesem Schwanken des moralischen und des geistigen Bodens ist dieser Mann fest auf seinen Füßen geblieben, ohne jemals das Gleichgewicht zu verlieren. Er steht sicher immer an der Stelle und drückt mit seiner Last dahin, wo es eben fehlt. So hat er früher, der Schwunglosigkeit der alten Verstandesbildung gegenüber, die weltlichen Dinge mit einem oft überpoetischen Schwunge behandelt und sie zuweilen durch das bunte Glas der Romantik betrachtet. Etwas von diesen poetischen Ingredienzien spielt auch wohl jetzt und später noch in seine Ansichten wie in seine Darstellung hinein. Noch jetzt z. B. möchte der verständige Mann der heiligen Allianz die Aufgabe eines Kreuzzuges nach Asien und Africa zuweisen, um diese Länder dem Christenthum und der Menschlichkeit zu gewinnen; noch jetzt verwandelt sich ihm der politische Gedanke der Vertheidigung der rheinischen Lande gegen Frankreich in den Traum der Stiftung eines neuen deutschen Ordens, einer Pflanzschule ritterlicher Tugenden und einheitlicher deutscher Gesinnung. Allein im Ganzen und Großen, bei allem Nächsten und Ernstesten ist seine Rede jetzt die Rede des lautersten Verstandes. Bei dem plötzlichen Temperaturwechsel der politischen Stimmungen mochten sich die Geister erproben. Es gab eine Scheidung des Echten und des Unechten. Da zeigt sich, daß Dieser von den Echtesten ist. Von allen trüben und schlechten romantischen Elementen hat er sich rein gewaschen. Die Wege der Schlegel und Adam Müller sind nicht seine Wege; auch von einem Manne wie Steffens, von allen „eitlen und vornehmen Geistern“ scheidet er sich. Gegen alles „Junkernde und Flunkernde“ richtet er jetzt die Spitze seiner Polemik. Er wird nicht müde, die „breite Saalbaderei“ und die „dünne Sophistik“ der neuesten Restaurationspropheten in den Sand zu werfen. Dem falschen Mysticismus und allen seinen Ausläufern widmet er einen besonderen Abschnitt in dem „Geiste der Zeit,“ und fast auf allen Seiten der Schrift weist er die Lobredner der alten guten Zeit, die poetischen Träumer zurecht, die uns das Pfaffen- und Ritterthum des Mittelalters wieder aufzuschwatzen Anstalt machten. Das ist das Geheimniß der populären Kraft dieses Buches, daß er sich überall in die starke Mitte zwischen den Extremen stellt, daß er gegen die, welche Alles neu und aus dem Stoff des Ideals machen möchten, das Recht der im Verborgenen schaffenden Geschichte, gegen die, welche die Gegenwart zur Vergangenheit zurückschrauben möchten, das Recht der lebendigen Entwickelung und der Vernunft zur Geltung bringt. Das Geheimniß ist dies, daß er für diese starke Mitte, für das Wahre und Einfache, für das Gerechte, Mäßige und Verständige den vollen Eifer und dieselbe Leidenschaft aufzubieten hat, die sonst in der Regel im Dienste der Einseitigkeit ist. Es ist die Macht des Guten in einer bösen, die Macht des Starken in einer matten Zeit.

Arndt hatte sich mit diesem Buche die Seele frei geredet; er hatte, wie er es in der Vorrede ankündigt, seine Gesichte und Ansichten ausgesprochen, „als gebe es weder Vorrichter noch Nachrichter von Büchern und Bücherschreibern.“ Es gab deren, und er wußte es, nur zu viel: die Kamptz und Genossen hatten ihre heillose Geschäftigkeit begonnen. Diesen ganzen Troß von dummen und von böswilligen Auflaurern hatte sich Arndt auf den Hals geredet. Am 30. Januar 1819 ward ihm von dem Curator der Bonner Universität ein Kabinetsschreiben mitgetheilt, in welchem die „unnützen und unschicklichen Dinge“ jenes Buches, „die besonders einem Lehrer der Jugend übel anständen,“ mit der Weisung gerügt waren, daß der Verfasser „bei der ersten ähnlichen Veranlassung von seiner Stelle entfernt werden würde.“ So war der Anfang der traurigen Geschichte, für deren ganz Schmähliches uns noch heut die Worte versagen und die in ihrem ganzen Verlauf darzustellen uns erlassen werden möge. Die Ermordung Kotzebue's im März 1819 gab das Signal zu dem Sturm auf Universitäten, Professoren und Studenten: die Demagogenhetze wurde das tragisch-lächerliche Gegenstück zu der glorreichen Erhebung während der Befreiungszeit. Im Juli erfolgte die Confiscation der Arndt'schen Papiere, am 10. November seine Suspension vom Amte. Eine formlose Criminaluntersuchung, bei welcher die Gerichte die Rolle der Polizei weiter führten, begann im Februar 1821 und endete im Sommer 1822. Kein Schuldig, aber auch kein förmliches Nichtschuldig war das endliche Ergebniß; die confiscirten Briefe und Manuscripte blieben in polizeilicher Gefangenschaft, Arndt selbst in Amtsunthätigkeit. —

Die Acten dieser beispiellosen Geschichte liegen vor der Welt. Arndt hat sie, nachdem er gleich Anfangs eine bündige Vertheidigungsschrift veröffentlicht hatte, in dem „Nothgebrungenen Bericht“ ein Menschenalter später bekannt machen dürfen. Sonnenklar beweisen sie seine Unschuld. Doch, wir freveln: sie zeigen die Tugend des Mannes von keinem Hauch getrübt, ihn selbst als den Bravsten und Rechtschaffensten, den Besten und

Frömmsten und als den, der das volle Bewußtsein davon hat; sie zeigen in grellem Contraste ein langes uneigennütziges Wirken für die Ehre, die Macht, die Sicherheit des Vaterlandes, und als Lohn für dieses Wirken eine Behandlung wie eines Schelmen, eines Verschwörers oder Rebellen; sie zeigen einen ernsten Mann einem albernen und absurden Inquisitionsverfahren preisgegeben; sie zeigen die Bosheit im Bunde mit der Kopflosigkeit, eine verächtliche Mischung von Torquemada und Gerichtsdiener Schlehwein; sie zeigen vor Allem den unglaublichen Wandel der Zeiten, den tiefen und jähen Fall aus dem frischesten Leben in trostlose Erstorbenheit, die völlige Erschlaffung alles Hochherzigen und Edlen, eine Verwandlung auch der Besseren, Schwäche und Ergebung auch bei den Besten. Die Achtung und Freundschaft Hardenberg's gegen Arndt ist machtlos geworden; die Schaam des Ministers über die eigne unwürdige Rolle versteckt sich, gut bureaukratisch, hinter einer Rüge über den unangemessenen Ton der Arndt'schen Eingaben, und der beste Trost, den Stein dem alten Genossen zu geben weiß, ist der Hinweis auf einen Spruch aus dem Psalter.

Unvergleichlich war die Haltung des gemißhandelten Mannes. Das Gefühl der bittersten Kränkung und der Stolz seiner guten Sache macht sich Luft in seinen Vorstellungen an den Staatskanzler. Schöner und tapfrer hat er kaum jemals geschrieben. „Um meine Stelle,“ — so schreibt er unmittelbar nach der Beschlagnahme, — „um meine Stelle mögen sie mich bringen, aus meiner Stellung sollen sie mich mit Gottes Hülfe nicht bringen.“ Er fordert nichts, als daß man ihm Verantwortung vor seinem ordentlichen Richter gestatte; durch Gott und durch die Wahrheit wolle er dann seine Sache gegen alle Polizeien der Welt glänzend gewinnen. „Ja, ich freue mich darauf,“ heißt es in einer späteren Eingabe, „denn heller als Sonnenschein soll es dann den Weiseren und Vernünftigeren werden, daß ich in Grundsätzen und Ansichten ein älterer, verständigerer und gemäßigterer Mann bin, als die meisten meiner Zeitgenossen, ich wage sogar zu sagen, als Viele, welche als Räthe und Minister der Herrscher die Länder mitregieren.“ Und leicht weist er nach, wie diese ganze Untersuchung keine andre Grundlage habe als die gehässigste und schlechteste Leidenschaft, die nun zu Mißdeutung, Entstellung und Verdrehung des Unschuldigsten, zu „Kappen und Masken“ ihre Zuflucht nehme. Nicht er, fürwahr, sei ein Anderer geworden; was könne er dafür oder dazu, wenn die königlichen Aufrufe und Verordnungen von 1813 vergessen seien, wenn der Strom der Zeit so geschwinde laufe, daß die Steuermänner des Staatsschiffs den ganzen Curs durchaus glaubten verändern zu müssen? Und dazwischen bricht er aus im Gefühl des Schmerzes. Ist etwa dieser ganze Handel nur ein schwerer und dumpfer Traum? „Von Napoleon habe ich wirklich solche Träume gehabt; aber daß ich in Preußen und gegen Preußen ein Stifter staatsgefährlicher Verbindungen, ein Treiber gefährlicher geheimer Umtriebe heißen soll, daß ich edles Wildpret von den blutgierigen, unsichtbaren und unerfaßlichen Hunden Neid, Haß und Lüge so lange gejagt werden soll, bis, wenn das möglich ist, der letzte warme Blutstropfen von Liebe und Wonne für mein Land und mein Volk in mir erstarrt und vertrocknet — der Traum ist wirklich zu schwer!“

So in den Briefen an den Staatskanzler; dieselbe Stimmung spricht aus den Trostliedern, die er sich vorsang, aus den Briefen, die er in diesen Jahren mit den bewährtesten Freunden wechselte. Von Zorn und Gram bewegt, findet er Trost in dem Glauben, „daß kein Mittel in der Welt ist, was das unterdrücken könnte, wofür die Besseren gelebt und gestrebt haben.“ Vor Allem sucht er Rettung vor der Erbitterung und Verfinsterung, womit solche Erlebnisse ihn bedrohen, in der frommen Ansicht, welche dieselben als göttliche Prüfungen und Ausgleichungen betrachtet. „Gott ist im Schwachen mächtig,“ so hat ihn sein Bruder Fritz das Audaces fortuna juvat übersetzen gelehrt, und mit diesem Spruch gerüstet, meint er, „daß er fast etwas schlecht zu nennen wäre, wenn er für die übrigen zwanzig bis dreißig Lebensjahre den Kopf schräg oder gebückt tragen wollte, da er bisher ziemlich gerad' in die Luft gestellt worden.“ Er ist im Herbst 1822 auf Absetzung von seinem Amte gefaßt; und er hat auch für diesen Fall seinen Entschluß festgestellt: „des Unstäten,“ schreibt er, „bin ich reich, und in der Fremde einsam umherschweifen, ist grauenvoll, mit Vielen mir nicht möglich; also — was bleibt übrig? Herunter oder herauf: ein Bauer.“ Und unmöglich war es, trotz all' der kleinlichen Quälereien unmöglich, die Liebe für sein Volk und Land ihm aus dem Herzen zu reißen. Der Kummer um sein geliebtes Preußen nagt ihn tiefer, als die Sorge um sich selbst, mit rührender Treue klammert er sich an den undankbaren Staat. „Unser armes Preußen,“ heißt es in einem uns vorliegenden ungedruckten Briefe aus demselben Jahre, „arbeitet, wie es scheint, immer noch frisch fort gegen sich selbst und seine Herrschaft in Deutschland, mit welcher es, wie die Dinge liegen, ja sich selbst aufgeben muß. — — Mit mir mögen sie machen, was sie wollen; ich verlasse Preußen nicht, weil es mein Vaterland und noch immer meine Hoffnung ist — wenn sie mich nicht vielleicht Landes verweisen. Unter einer der kleinen Regierungen zu leben und mir dort vorhalten zu lassen, daß ich von Preußen zu viel gehofft, ekelt mich an; die engen, sogenannten freien Städte mag ich durch meine Anwesenheit nicht ängstigen, und die spröde und kalte Schweiz würde mir unerträglich sein. Im schlimmsten Falle muß zuerst gesorgt werden, daß die Kinder satt werden, und sei es denn auch in einer Bauerhütte. Wir wollen sehen.“ In solchem Glauben an Gott und Vaterland kehrte ihm denn, wie in früheren Tagen und unter anderen Nöthen, Muth und Heiterkeit zurück. Den Freunden wenigstens, die mit ihm verkehrten, machte er den Eindruck eines völlig ungebrochenen Mannes; keine Klage kam über seinen Mund. In seinen heitersten Momenten überkam ihn das Vorgefühl, — er sprach es gegen Hardenberg aus, — „daß diese Plackerei, wo es mich mit Scorpionenstacheln zu stechen däucht, einst in der Erinnerung kaum Mückenstichen gleich scheinen wird.“ Sein häusliches Glück wenigstens schien sicher gegründet. Wenn der zärtliche Vater seine Knaben auf den Knieen schaukelte, dann däuchte ihn wohl auch das Traurige lustig, und er findet sich scherzend in den Humor der Sache. „Siegerich,“ so meldet er seinem Freunde Reimer, „Siegerich frägt schon: Vater, wie alt bin ich, wann ich dem Wolfe Maraudus die Zähne ausbrechen kann? — Ist das nicht eine halb und halb demagogisirende Frage? Du siehst, der Apfel fällt nicht weit vom Stamme.“

Und doch, es ist ein Selbstbekenntniß, dem wir schwerlich mit Recht widersprächen, wenn Arndt selbst gerade in dieser aufgezwungenen Zurückziehung auf das Private und Häusliche den Hauptschaden erblickt, den diese Jahre ihm zugefügt hätten. Es ist so, wie er sagt: nur, wo ihm bestimmte Ziele, bestimmte Arbeiten oder Gefahren entgegentraten, kam sein bestes Vermögen zu voller Geltung. Nur im Reden und Handeln, nur im Wirken für große öffentliche Zwecke mochte er sich selbst Genüge thun: die poetische Welt in ihm bedurfte des prosaischen Lebens draußen, um in Wort oder That Klarheit, Gestalt und feste Umrisse zu gewinnen. Darum waren seine Kriegslieder bei Weitem die gelungensten; darum sind die Poesien, die in der gegenwärtigen Epoche entstanden, mit wenigen Ausnahmen von verklingender Unbestimmtheit. Er selbst macht sich den Vorwurf, daß er diese Jahre mehr, als recht sei, unter Kindern, Bäumen und Blumen verträumt und verspielt habe. Denn ein Bauer und Pflanzer war er ja nun wirklich geworden. Alt und Jung sprach in seinem gastfreien Hause ein, und mit den Jungen, die sich einfanden, wurden Excursionen rheinaufwärts und abwärts, in's Siebengebirg oder in das Thal der Mosel unternommen. Wie früh dann die Knaben zu den Fahrten aufstehn mochten: sicher trafen sie den Alten schon hackend oder grabend in seinem Garten, auf einem Kohlfeld oder in dem, später ausgerotteten Weinberg an seinem Hause. Auch seine Feder indeß ruhte mit nichten. Was für ihn wenig und gleichsam bloße Feierstundenarbeit war, würde ausreichen, manches andere literarische Leben zu füllen und zu schmücken. Mehr als Eine seiner früheren Aufzeichnungen wurde jetzt zum Buche vollendet. Schon 1817 hatte er, um sich zu trösten für seine im Meer ertrunkenen Bücherschätze, die Geschichten und Mährchen aufgeschrieben, die ihm einst Balzer Pievs, seines Vaters Knecht, oder die hübsche Nachbarsdirne unter dem Dornbusch auf der Weide erzählt hatte. Im Jahre 1826 ließ er unter dem Titel „Nebenstunden“ eine Beschreibung und Geschichte der schottländischen Inseln und der Orcaden erscheinen, im Jahre 1834 das Leben G. Aßmann's und 1839 die „Schwedischen Geschichten.“ Zwanzig Jahre endlich waren seit dem Schlag vergangen, der auf ihn niedergefallen war, da, im siebzigsten Lebensjahre, ging er an jene biographische Selbstvertheidigung, die wir so vielfach im Voranstehenden benutzen mußten. Alles Wackere und Liebenswürdige seiner Persönlichkeit spricht uns aus diesen „Erinnerungen“ an, die er zugleich mit dem vollen Selbstgefühl und zugleich mit der natürlichen Bescheidenheit eines „redlichen und verständigen Mannes“ schreibt. Wesentliche Eigenschaften gingen ihm ab zum vollendeten Geschichtschreiber. Ihm fehlte die leidenschaftslose Ruhe, das geduldige Verweilen bei Zuständen oder langsam rückenden Entwickelungen. Ihm fehlte ebenso die Kunst der Gruppirung und der anschaulichen Zusammenfügung der Verhältnisse und Begebenheiten. Seine Ansicht von der Aufgabe des Historikers war einseitig. Sie bestehe, meinte er, nicht so sehr im Darstellen der Sachen als der Menschen; nur so könne die Geschichte dem Zwecke dienen, „daß die sittliche Begeisterung, der sittliche Abscheu oder die sittliche Liebe erweckt werde.“ Bei dieser Ansicht gewinnen seine Geschichtsarbeiten mehr oder weniger eine persönliche Haltung und eine rednerische Färbung. Es sind Gelegenheitsschriften von praktischer Tendenz, wie sich denn historische Blicke, umgekehrt, überall auch in seine Reden und Pamphlete eindrängen. Mit jener Unruhe und energischen Beweglichkeit, die ihn im Sturmschritt, „wie ein feuriges Roß“ von Stätte zu Stätte pilgern läßt, zieht er auch als Schriftsteller oft kecke Verbindungslinien von Volk zu Volk, von Zeitalter zu Zeitalter, schlägt er jetzt einen lockenden Nebenweg ein, scheint er jetzt ganz Pfad und Steg zu verlieren. Völkerbeziehungen und Völkervergleichungen sind seine Stärke; er liebt sie ähnlich und aus ähnlichem Grunde wie Wortvergleichungen und etymologische Combinationen: noch im Jahre 1843 schreibt er einen „Versuch in vergleichender Völkergeschichte.“ Immer ist ihm die Erzählung überwiegend nur das Mittel zur Charakteristik. In großen Zügen den Geist der Zeiten, den Charakter der Nationen, die leibliche und die geistige Eigenthümlichkeit einzelner Menschen zu zeichnen, ist er Meister. Seine Bilder von Zeitgenossen — man denke an Stein, Blücher, Scharnhorst — sind durchaus lebendige Figuren, Figuren mit Mark und Knochen. Nicht mit Tuschen und Pinseln, sondern in kecken und scharfen Strichen, mit Hülfe glücklich erzählter Anekdoten stellt er seine Menschen hin, läßt er sie schreiten und handeln, sprechen und gesticuliren. Er ist aus allen diesen Gründen ein unübertrefflicher Geschichtschreiber für alles Selbsterlebte. Dies ist es, was den „Schwedischen Geschichten" ihren Werth, was den „Erinnerungen aus dem äußeren Leben" und noch den „Wanderungen und Wandelungen" ihren unvergleichlichen Reiz giebt.

Aber nicht etwa nur in der Erinnerung des Vergangenen lebte er. Der sich selbst einen Träumer schilt, nahm fortwährend den regsten Antheil an den großen Weltbegebenheiten, und als in Folge der Julirevolution und des belgischen Aufstandes das Vaterland auf's Neue von auswärtiger Gefahr bedroht schien, da ließ es ihn länger nicht schweigen; er schrieb 1831 „die Frage über die Niederlande und die Rheinlande," 1834 „Belgien und was daran hängt." Von Neuem predigte er den Aufruhr, den er immer gepredigt, „den Aufruhr gegen wälsche List, Habsucht und Uebermuth." Die nächste Entwickelung der Dinge zwar ließ seine Befürchtungen unbegründet erscheinen: seine Meinung war darum doch nicht grundlos, und noch weniger war es seine Gesinnung — haben wir doch noch jüngst von der Napoleonischen Diplomatie die Schaffung des belgischen Staates als einen Meisterstreich der französischen Politik rühmen hören.

Das Werk eines tapferen und großmüthigen Bürgers nennt Varnhagen die Arndt'sche Schrift nach der Julirevolution. Der Ausdruck ist trotz seiner lobenden Absicht schief. Einem Manne, der nur in dem Einen Gefühle für das Vaterland lebte, kam es sicher nicht in den Sinn, daß er großmüthig handle, wenn er seine Pflicht auch gegen das undankbare erfülle. Es giebt ein rührendes Zeugniß dafür, daß in jenem Gefühle gerade auch das tiefste und eigenste persönliche Leid sich ihm löste. Auch das Glück seiner häuslichen Existenz nämlich sollte nicht unerschüttert bleiben. Mitten unter jenen Weltbegebenheiten, die ihn zu so lebhafter Theilnahme aufregten, im Sommer 1834 verlor er beim Baden im Rhein ein geliebtes Kind, seinen jüngsten, neunjährigen Sohn. Das mußte der Rhein ihm thun, der Rhein, den er in Rede und Lied als Deutschlands Strom zu feiern und festzuhalten sich angelegen sein ließ! Mit ihrem Leben den deutschen Strom zu vertheidigen hatte er einst seine Knaben verpflichtet, und der Jüngste der Knaben war vorgetreten und hatte eingeschlagen. Ein Stein bezeichnete nun die Stelle, wo er versunken war: der Vater dichtete das Lied „der Stein im Rhein":

Er hat's gehalten, er ward der Hort,
Ihn trug sein Rhein sich als Opfer fort:
So hat er mir ohne Schlachten die Schlacht
Vor tausend Schlachten blutig gemacht;

Nun liege fest vor den Wälschen, mein Stein!
Nun brause freudiger, freier, mein Rhein!
Meine Sehnsucht und Liebe sie rauschen mit dir —
O rauschten deine Wellen auch über mir!

Wer verargt es dem Alten, wenn er auf diese Weise Trost und Klage mischt, wenn er auf den letzten Blättern seiner „Erinnerungen“ meint, daß seine Zeit vergangen und verloren sei, wenn er, ohne darum weniger frisch in's Leben oder weniger fromm zum Himmel aufzuschauen, die Ansicht ausspricht, daß das Glück seiner Jugend von ihm Abschied genommen habe? Man hat mit Recht gesagt, daß das Leben großer Männer fast immer eine Tragödie sei; es neigt sich, nach einem Gipfel des kräftigsten Strebens und Hoffens zu sinkendem Glück und Gelingen — der Rest ist Schweigen, Enttäuschung und Ergebung. So war das Leben Stein's zu Ende gegangen, und nur zu viel von diesem Tragischen schien auch in das seines ehemaligen Gefährten hinein. Aber diesen streifte gleichsam nur das Schicksal der Größe: die Summe und das Ende seines Looses waren nicht die eines großen Mannes, sondern die eines tüchtigen und guten Menschen. Er hatte erlebt, daß die Ziele, denen er seine beste Manneskraft gewidmet hatte, vereitelt wurden; vor seinen sehenden Augen hatte sich gut in böse und recht in unrecht verkehrt; er selbst hatte bei dieser Umkehr der Dinge und des Maaßstabes ihrer Schätzung für sein edelstes Wollen Buße und Strafe zahlen müssen. Aber die Zeit der Prüfung war vorüber. Während weiterer zwanzig Jahre sollte er noch einmal die Hoffnungen seines Mannesalters, die Aengste seiner Jugend, neue Anläufe zum Besseren und neue Rückschläge, — Umwälzungen jeder Art, er sollte die Fluth und die Ebbe, das Morgenroth eines neuen Deutschlands, die Nacht einer neuen Reaction und das Ende auch dieser Nacht erleben. Ihm selbst war es beschieden, sich voller Wiederherstellung, zunehmender öffentlicher Anerkennung und Dankbarkeit, eines reichen Ersatzes für die Jahre der Verkennung und Verfolgung, zu erfreuen. Er überlebte seine eigne Tragödie fast um ein Menschenalter; — wenn irgend wen, so müßte ihn ein christlicher Solon glücklich preisen, glücklich, nicht weil das Glück ununterbrochen bis an's Ende vorhielt, sondern weil es siegreich das Unglück überwältigte.

Unsre Erzählung darf kurz sein über die Zeiten, die auch wir Jüngeren ganz mit ihm durchlebt haben. Glückliche Sterne leuchteten dem Erscheinen der Arndt'schen Selbstbiographie: unerinnert und aus eigenem

Antrieb setzte Friedrich Wilhelm IV. bei seiner Thronbesteigung 1840 den Wackeren wieder in Amt und Thätigkeit. Die Wiederherstellung war ein Fest für die ganze Stadt, die Universität wählte ihr würdigstes Mitglied für das nächste Jahr zu ihrem Rector, und jubelnd begrüßte ihn die akademische Jugend. Und der Stamm, der seine Aeste bereits zum Grabe zu neigen meinte, trieb noch manchen frischen Zweig und entfaltete noch manches Blatt. Vieles unter der vorangegangenen Regierung Zurückgedrängte durfte sich jetzt wieder hervorwagen, ja, gerade gewisse Reminiscenzen der Befreiungszeit, gewisse zu Träumen und Phantasien verkümmerte Ideen von damals erfreuten sich einer größern Gunst als die neuen, durch den unhemmbaren Fortschritt der Zeit im Stillen herangewachsenen Wünsche und Forderungen. An Arndt's Werken mochte die Nation den probehaltigen Kern der ehemaligen Erhebung studiren, mochte unterscheiden lernen, was das Bleibende und was das Vergängliche an den im verschiedensten Sinne von den Parteien nun wieder angerufenen alten Traditionen sei. Rasch erlebten jetzt die „Erinnerungen“ mehrere Auflagen; „vermindert und doch vermehrt“ erschienen die Gedichte in einer neuen Ausgabe, und in drei (später um einen vierten vermehrten) Bänden schenkte Arndt seinen „lieben Deutschen“ eine Sammlung seiner kleineren politischen Schriften. Wie aber diese Sammlung manches bisher ungedruckte Blatt enthielt, so brachte nun — anderer Veröffentlichungen zu geschweigen — der „Nothgedrungene Bericht“ in seinem zweiten Theil einen Schatz lebendiger Zeugnisse aus den Jahren 1809 bis 1819, während der erste eine Uebersicht über Inhalt, Meinung und Entstehungsgeschichte aller der Werke gab, die einst die Nation so mächtig in Schwung gesetzt hatten.

In diesen Spiegel jedoch hineinzublicken und an der offen gelegten Thorheit der Restauration sich zu entschlossener Weisheit zu ernüchtern, sollte es leider an Zeit fehlen. Während man, namentlich in Berlin, mit halben und verkehrten Maaßregeln die neuerwachte Bewegung der Geister theils zu leiten, theils zu unterdrücken suchte, gewann der Liberalismus immer volleren Athem: die Kartenhäuser der Romantik stürzten zusammen. Wie prophetisch hatte Arndt dreißig Jahre früher bei'm Beginne der Restaurationsepoche den Geist der Zeit gedeutet! „Was soll das nichtige und blöde Gefecht gegen die Geister, die durch leibliche Fäuste nicht zu besiegen sind? Was sollen die Streiche gegen das Unverwundliche und die Banne und Achte gegen das Unsichtbare und Allenthalbene? Wehe uns Allen, wenn, was über der Erde und mit stolzem, überirdischen Sinn entschieden und geschlichtet werden soll, in den gemeinen Staub des Faustkampfes hinabgerissen wird! Das war von jeher der Weg, aus Wasser Blut zu pressen und fliegenden Sand zu festem Granitfelsen zu verhärten.

Gelingt es aber den Bangen und Finsterlingen, den Geist in das irdische Blut und irdische Gebein zu treiben, so wird ein wüster Fanatismus fertig, dem endlich jede Zucht und Ordnung erliegt." Diese Weissagung sollte sich jetzt erfüllen. Die Frucht alter und langer Versündigung war reif; der Sturm des Jahres 1848 machte über Nacht auch die deutschen Throne wanken und schüttelte Gelöbnisse und Zugeständnisse in solcher Menge von ihnen herab, daß sich alles Volk an der neuen Freiheit wie an jungem Weine berauschte. Zu den Nüchternsten unter den Jubelnden gehörte Arndt; aber er war nicht zu alt, um mit den Hoffenden zu hoffen. Sein erster Gedanke war der, wie viel sanfter und milder Alles zwischen den Jahren 1815 und 1820 hätte gemacht werden können. Dann aber ergriff er von den neuen Hoffnungen Eine mit der ganzen Inbrunst der Jugend — die Eine, daß wieder eine deutsche Einheit, eine Macht und Majestät des deutschen Namens, ein großes deutsches Reichsparlament, mit und über demselben ein deutscher Kaiser sein werde. Nur daß wir —, so rief er dazwischen, — in dieser Freude die Augen nicht vor den Gefahren und Abgründen verschließen, die uns allen diesen Glanz einer neuen Morgenröthe in ein langes düsteres Ungewitter verwandeln könnten! Und in der alten Manier seines Soldatenkatechismus schrieb er seine Capitel »für den lieben Bürgers- und Bauersmann,« das Büchlein vom »verjüngten, oder vielmehr zu verjüngenden Deutschland.« Es ist die Erfahrenheit des Alters, welche überall zur Ermäßigung der Ansprüche und Erwartungen redet, zugleich aber die seltnere Weisheit, die willig von der neuen Zeit auch neue Erfahrungen hinnimmt. Da warnt er mit aller Kraft vor den Franzosen und deren Nachbetern, vor Republiken und Republikchen; den socialistischen Träumereien tritt er mit dem guten Spruch ora et labora entgegen; durch die Sitte und durch Gott will er die gesellschaftlichen Schäden geheilt wissen — aber seine ehemalige Ansicht von der Wiederherstellung des Zunftwesens hat er aufgegeben: »der gegenwärtige Stand der Dinge und der Sinn der Menschen« hat sie nach seiner Ueberzeugung zur Unmöglichkeit gemacht.

In solchen Ansichten und solcher Gesinnung, wie sie auch in den »Reden und Glossen« erscheint, hat darauf Arndt in der Paulskirche gesessen. Ein unvergeßlicher Moment, als ihn die Verehrung jener großen Versammlung an einem der ersten Tage auf die Tribüne rief — wie er da unter nicht enden wollendem Zuruf erklärte, daß er »gleichsam wie ein gutes altes deutsches Gewissen« an dieser Stelle stehe, — und wie neuer stürmischer Beifall seine Stimme bei den Worten erstickte, daß er an die »Ewigkeit seines Volkes« glaube! Denselben Glauben hat er noch an einem der letzten Tage wiederholt bekannt, als das Werk der Nationalversammlung bereits gescheitert war, als die Reichsverfassung schon auf den Fahnen des Aufruhrs stand. Nach beiden Seiten hin warnte da noch einmal das gute alte Gewissen: „hütet euch, die Majestät zu schänden, wo sie besteht!“ und wiederum: „bleiben die Fürsten und Könige toll und verblendet, dann fahren sie dahin.“ Mit der Reichsgesandtschaft hatte er die Krone nach Berlin getragen, für die er, treu seinem alten Glauben an Preußens Bestimmung zur Führerschaft in Deutschland, gearbeitet und gestimmt hatte. Mit der Mehrheit der Gagern'schen Partei trat er am 20. Mai aus der Versammlung aus, welche ihre Pflicht erfüllt hatte, ihr Werk der Nation überwies. In den „Erinnerungsblättern um und aus der Paulskirche“ hat der alte Sänger die wechselnden Stimmungen jener Tage fixirt. Da sang er: „Ihr Könige gebt Acht!“ und sang:

Du hast vom Kaiserstolz geträumt —
Vergrab' einstweilen deinen Fund;
Die Besten wissen, wo er liegt:
Einst heben sie ihn an's Sonnenlicht.
Wir sind geschlagen, nicht besiegt —:
In solcher Schlacht erliegt man nicht!

Die Zeit war an einem neuen bedeutungsvollen Wendepunkt angelangt. Arndt war noch nicht lange von Frankfurt heimgekehrt, als in Bonn die Nachricht von Gottfried Kinkel's Gefangennehmung anlangte. Rasch thaten sich die Freunde des Dichters zusammen und setzten eine kurze Bittschrift an den Prinzen von Preußen auf. Arndt hatte offen den Aufstand verurtheilt, dessen Scheitern jetzt auch Kinkel büßte; die beiden Männer standen in entgegengesetztem Parteilager. Nichts desto weniger war Arndt der Meinung, daß die Politik der Rache in solchen Zeiten die übelste sei. Er wollte winken, daß es für die Verirrung ein Vergessen geben müsse, wenn später nicht auch von anderer Seite schwer vergessen und vergeben werden solle. Er war der Erste, welcher die Schrift unterzeichnete, die sich nach ihm in der kürzesten Zeit mit mehr denn tausend Unterschriften bedeckte. Ja, er sandte unmittelbar darauf der Bittschrift einen Brief an den General v. d. Gröben nach: der Inhalt bestand in der Warnung, nicht noch weiter deutsches Blut durch Kriegsgerichte fließen zu lassen — eine Warnung, die er später auch so ausdrückte, daß „Preußen nicht so zufahren und durchfahren dürfe, wie an der Theiß und am Po durchgefahren wird.“

Die Politik der Rache inzwischen ging in den nächsten Jahren ihren Gang. Eine Zeit kam, ganz so schlimm, wie sie zu kommen pflegt, wenn man den Frühling glaubt vor dem Lenz machen zu können, eine Zeit, welche langsam alles Gefühl für Ehre und Selbständigkeit in der Nation zu ersticken drohte, eine Zeit beispielloser Mißregierung und beispielloser

Willfährigkeit, sich mißregieren zu lassen. Aller Orten brannte unsere Schande und hätte uns in die Seele brennen sollen. Mit dem Tage von Olmütz schien Preußen von seinem Berufe abgedankt zu haben: die kurhessische Schande und die Schleswig-Holstein'sche wurden die Marksteine der Reaction. „Ich stehe," so schrieb damals Arndt, „am Rande des Daseins; ich stehe an dem zweiten Rande eines Abgrunds und Vulkans der Zeit, welcher viele edelste, treueste, deutsche Hoffnungen, wie es scheint, für lange verschlungen und überschüttet hat." Allein obgleich er so klagte: die Gesinnung, die sich in dem Wahlspruch ausdrückte: Nunquam desperandum de patria et de coelo, trieb ihn immer wieder an seine Pflicht. Nicht jene stumpfe historische Ansicht von dem natürlichen Auf und Ab aller menschlichen Dinge, nicht diese dem Greisenalter so nahe liegende Stimmung war die seine, sondern mit dem Gleichmuth des Alters paarte sich bei ihm der volle, begeisterte Hoffnungsmuth der Jugend. In seinem frommen Sinn mochte ihm oft wohl das Irdische und Zeitliche nichtig gegen das Himmlische und Ewige erscheinen und „das Dort und das Hier," wie er im Liede sagt, in dem „Allenthalben" verschwinden: aber aus solchen Aufblicken erwuchs ihm immer nur neue Lebenslust, neue Heiterkeit und Tapferkeit, um auf das Gegenwärtige einzudringen. Wo irgend ein deutscher Schaden oder eine deutsche Schande war, da setzte er sein Wort mit jugendlicher Kraft ein. So richtete er seinen „Mahnruf an alle deutsche Gaue in Betreff der Schleswig-Holstein'schen Sache;" diese Sache vor Allem schnitt ihm in die Seele, und in Prosa und Versen hat er uns zugerufen und ruft noch heute: „vergesset nicht der Dänen!" Und unter dem Motto, das er schon 1808 in seinem Schilde geführt hatte: Saró che fue, vivró com' ho vissuto, unter dem Titel Pro propulo germanico schrieb er seinen fünften „Geist der Zeit." Auch diese neusten und trübsten Zeiten, das ist der Standpunkt dieses Buches, erscheinen so trübe nicht, wenn sie nur recht aus ihrem innersten Geiste heraus verstanden werden. Wie beschämt da der Alte, den A. Ruge schon 1840 zum alten Eisen geworfen hatte, die grämlichen Tadler der Gegenwart, die laudatores temporis acti! Wie launig und frisch blickt er hinein in die erfindungsreiche, rastlos fortschreitende, mit Blitz und Dampf arbeitende Zeit! „Erweiterte Welt," ruft er aus, „erweiterter Weltblick, erweitertes Glück für den Prometheussohn! So ist es, so muß es bleiben und fortschreiten!" Und fortschreiten, meint er, muß und wird es ebenso in der politischen Welt. Gegenüber den Verklägern seiner Deutschen will er sich nun erst recht als ihr Vertheidiger, ja Lobredner darstellen. Auch Preußen will er am wenigsten nach den traurigen Erinnerungen der jüngsten Vergangenheit beurtheilt wissen. Man messe es nur mit etwas längerem Gedächtniß und etwas tiefer eindringendem Blicke! Alsdann ist es, trotz Allem, „das lebendigste und hoffnungsreichste Lebenselement Deutschlands.“ Denn „Licht, Klarheit, Tapferkeit, hellste geistige Muthigkeit, dies nordische luthersche Erbtheil, ist das eigentliche preußische Leben; Licht, Kunst und Wissenschaft heißt die Inschrift der Fahne, unter welcher Preußen groß vorangeschritten ist und größer fortschreiten wird.“ Solchen Trumpf spielt er gegen die Pessimisten, gegen die höhnenden Feinde und Verläumder Preußens aus. Er hat sich damit das Recht erworben, auch die Mißstände des Augenblicks mit schärfster Geißel zu züchtigen. Die große preußische und deutsche Frage ist ihm, den eigentlichen Geist Preußens gegen den eigentlichen Geist Oesterreichs gewogen, eine nicht erst zu entscheidende, sondern eine entschiedene. In der constitutionellen Monarchie, in dem Verfassungsleben Preußens liegt für ihn das sichere Mittel, aus aller Verwirrung zu Zuständen der Gerechtigkeit und Freiheit zu gelangen. Eben deshalb wendet er sich mit doppeltem Ernst gegen die, welche sich dieser Entwickelung aus Verblendung und Selbstsucht widersetzen, gegen die Sophisten eines angeblich historischen Rechts, gegen die, welche hinter dem Preise des patriarchalischen Königthums ihren „Junker von Gottes Gnaden“ verstecken, gegen die, welche Verfassung und Recht in den jüngsten Tagen über's Knie gebrochen und solche „frechste Rechtsbrüche“ zum Gegenstand des lustigsten Spotts und Gelächters gemacht haben. „Ach!“ so fügt er hinzu, „ich fürchte, sie werden einmal sehen, worüber sie gelacht haben.“ —

Wir wissen nicht, ob wir diesen Mann liebenswürdiger finden sollen, wenn er auf solche Weise tröstend, warnend und mahnend von der Gegenwart redet, oder wenn er Erinnerungen längst verschienener Tage wieder wach ruft. Alle die charakteristischen Eigenthümlichkeiten des Redners von 1819 sind noch die des Redners von 1853; er ist derselbe lebendige und fesselnde Erzähler in seinem funfzigsten, wie in seinem achtundachtzigsten Jahre. Wie die Enkel an dem Munde des Großvaters hängen, wenn er von den Zeiten erzählt, wo er jung war, so haben wir Alle noch einmal aufgelauscht, als der Alte uns noch zuletzt die oft erzählte Geschichte von seinem „unüberwindlichsten Ritter“ mit manchen neuen Fahrten und Schnurren zum Besten gab. Wie hat uns Alle der ärgerliche Handel verdrossen, der ihm auch über dies Buch noch angezettelt wurde; wie haben an diesem Buche auch die Jüngsten ihn liebgewonnen, auch die, welche niemals von dem „Geiste der Zeit“ gehört und welchen das frühere politische Schicksal des Mannes nur wie eine dunkle Sage bekannt war! Das Alter, es ist wahr, hat in diesen späteren Schriften manche Züge des Schriftstellers greller hervortreten lassen. Als Redner, wie als Erzähler zeigt er nun eine scharf ausgeprägte

Manier. Aber diese Manier ist keine angenommene und darum auch keine störende. Es ist die Manier seiner Natur, und wir sehen in ihr nur deutlicher, als früher das Bild des „alten Arndt," wie es in nun nicht mehr wandelbaren Typen uns Allen vor der Seele steht. Aus jedem Wort gleichsam sieht uns das helle, fröhliche, treuherzige Gesicht an. Seine Rede kleidet er in denselben schlichten deutschen Rock, den er selbst trägt. Da ist Alles einfach, natürlich und sauber. Bei aller Deutschheit keine Spur von gesuchtem Teutonismus, von jener fratzenhaften und renommistischen Deutschthümelei, welche die Schriften mancher Anderen so ungenießbar machte. Eine mächtige Kraft der Sprache, des schlagenden, sinnigen, oft eigenthümlich bildlichen Ausdrucks wächst freiwillig und reichlich aus dem Boden dieses gesunden Lebens hervor. Fast immer hat die Darstellung etwas Eiferartiges und Sprudelndes, zuweilen etwas Hartes und Barsches. Auch aus der geschriebenen Rede hören wir den Nachdruck heraus, den die laute Stimme, die lebhafte Gesticulation dem gesprochenen Worte gab. Wir glauben den herzhaften Druck seiner Hand zu fühlen, wenn er sich und der Sache, um die es sich handelt, nur mit einem Superlativ, ja mit gehäuftesten Superlativen meint genügen zu können. Die Nachdrücklichkeit, mit der er sich auszusprechen das Bedürfniß hat, ist aber begleitet und sie wird zugleich gemildert durch die Freude am vollen Klange, an reimenden und halbreimenden Wörtern. Hat er aber gar im Eifer über die Stränge geschlagen, so ruft er sich gewiß selbst zur Ordnung; und wie scharf er auch zuweilen ausfährt: — Unrecht will er mit seinem Wissen und Willen Niemand thun; die ganze Liebenswürdigkeit seines Herzens offenbart sich an den zahlreichen Stellen, wo er irgend einem zu allgemeinen oder zu harten Urtheil alsbald durch ein berichtigendes und versöhnendes Wort die verletzende Spitze zu nehmen sucht.

Wohl mußte dem das Blut in den Adern noch jugendlich rollen, der ein Buch wie die „Wanderungen und Wandlungen" zu schreiben vermochte. Und wer den Alten in diesen Jahren in Bonn in seinem Häuschen vor dem Coblenzer Thor besuchte, der mochte billig über die ungeschwächte Frische des Mannes staunen. Du hattest ihn ebenso vor zehn, ja vor zwanzig Jahren gekannt. Wie Du nur eintratst: er rief Dir den Namen entgegen, den sein treues Gedächtniß sicher bewahrt hatte, und er schüttelte Dich mit einem deutschesten Willkommen. Dann rühmte er Dir wohl selbst, wenn die Rede dahin fiel, daß seine Augen ihm noch ohne Brille zu jedem Dienste willig seien, und daß er noch meilenweit mit Dir Berg auf und Thal ab zu wandern im Stande sei, ja er mochte Dir mit besonderem Wohlgefallen Geschichten von alten Schweden erzählen, die hundert Jahre und drüber alt geworden. Warst Du aber gar in Begleitung alter, vertrauter Freunde in's Haus getreten, so kamst Du nicht so trocken von dannen. Bald standen ein paar Flaschen Elfer auf dem Tische; im Gespräch über Altes und Neues wurde es laut und lauter, und unter vielen guten Gesundheiten auf alle guten deutschen Dinge — im Umsehn, wie Du meintest — waren die Flaschen leer geworden. Solche Kraft und Fröhlichkeit des Alters beschämt Deine und alle Jugend. Möge sich vor Allem unsre poetische Jugend ein Exempel an dem greisen Sänger nehmen! Die Schwalben und Nachtigallen kehren nicht so sicher wieder, als er sie noch jeden Frühling mit einem Liede begrüßte. Wir kennen kein jubelnderes und frischeres Frühlingsgedicht, keinen wunderbareren Beweis für die unversiegliche Lebenskraft dieses Herzens als die köstlichen Strophen, die der Fünfundachtzigjährige im Mai 1855 niederschrieb. Das Kukuksorakel ist kurzsylbig geworden; mit neckischem Zwei und Drei scheint der Unglücksvogel dem Alten zuzurufen, daß es vorbei sei —

Schrei er sich heiser mit Zwei und Drei,
Ich schreie dem fröhlichen Mai Juchhei!
Seinen Abendschimmern und Morgenröthen,
Seinen Stimmen, die Freude und Liebe flöten.
Mich schreckt kein Kukuksprophetenschrei,
Sein Eins, Zwei, Drei und sein Vorbei!

Drum kling' ich lustig Juchhei! Juchhei!
Auf! leuchte Frühling, und jauchze, Mai!
Mich hat vor Gripsgrabbelei und Sorgen
Das fröhliche Sprüchlein vorlängst geborgen:
Auf Leid folgt Freude, auf Winter Mai,
So wandelt Leben und Jahr vorbei.

Und die erste Schwalbe wenigstens, auch am politischen Himmel unseres Vaterlandes, sollte er noch kommen sehen. Er hat die Hoffnungen erlebt und getheilt, die sich an den Umschwung der preußischen Dinge im Herbst 1858 knüpften. Er ist mit ergriffen worden von den heftigen Schwankungen des Nationalgefühls während des Sommers 1859. Er hat den Glauben, daß Preußen in der Stunde der Noth dem Vaterlande nicht fehlen werde, und die Ueberzeugung, daß die Nation die rettende und einigende Hand noch rechtzeitig erkennen lernen werde, in's Grab genommen. Wünsche und Gebete für sein geliebtes Deutschland hat er noch zuletzt ausgesandt. In der Mitte des Januar d. J. ergriff ihn die Krankheit, der er erliegen sollte. Er war in den ersten Tagen derselben noch munter genug, um sich von seinem Sohne die Correcturbogen seiner Gedichte vorlesen zu lassen und die Verlesung mit einzelnen Bemerkungen zu begleiten. Bald indeß verschlimmerte sich sein Zustand; zwischen fieberhaften Phantasien verriethen abgerissene Aeußerungen den Seinigen, daß er sein herannahendes Scheiden ahne. In der Nacht vom 21. zum 22. trat eine Lungenlähmung ein: in Folge derselben ist er um zwölf Uhr Mittags sanft entschlafen. —

Wir haben versucht, das Bild des Mannes, wie es aus seinem Leben, seinen Schriften, seiner persönlichen Erscheinung uns entgegengetreten ist, zu zeichnen. Wir fühlen, daß es ein bloßer Schattenriß geworden ist. Denn an der Fülle und Ganzheit seines Wesens wird jede Schilderung, die sich stückweise zusammensetzt, zu Schanden. Keinen Schriftsteller und keinen Gelehrten, keinen Dichter und keinen Staatsmann, sondern einen rein und voll entwickelten Menschen hatten wir zu schildern. Er war ein Mann im ganzen gewichtigen Ernst des Wortes und seine hervorstechendste Eigenthümlichkeit die Kraft, die der Ausdruck gleichgewogener leiblicher und geistiger Gesundheit ist. Im sittlichen Kampfe mit seiner starken Natur hat er gerade diese Natur zur vollendetsten Ausbildung und Darstellung gebracht. In ihm selbst erschien jenes Gleichgewicht zwischen Himmel und Erde, jener Einklang von Kopf und Herz, worauf er die Zeitgenossen hinwies. Es erschien aber in charakteristisch deutscher Weise. Man hat ihn den Deutschesten der Deutschen genannt, und er war dies nicht blos seiner Gesinnung und seinem Wirken nach, sondern nach der innersten Anlage, in allen Zügen, in den Tugenden und selbst in den Schwächen seines Wesens. Durchaus aus einem deutschen Herzen und mit deutschen Augen hat er in die Zeit und über die Welt geblickt. In schönem Gleichmaaß lagen bei ihm die Elemente zusammen, die nur zu oft in einseitiger Ausbildung unseren Nationalcharakter bezeichnen. Das Helle und Straffe des Nordens vertrug sich in ihm mit dem Heiteren und Leichten des Südens. Er war zu Zeiten ein Träumer, um die meiste Zeit desto tapferer und wacher in den Kämpfen des Lebens zu stehn. Das deutsche Gemüth und der deutsche Verstand, deutsche Innigkeit und deutsche Fröhlichkeit hatten gleiche Rechte bei ihm. Deutsch war auch die Weise seiner Frömmigkeit; denn während er sich an dem Geistigsten und Innerlichsten des Christenthums nährte, so ließ er sich doch nimmer den alten heidnischen Natursinn und den „Naturmuth von seinen Vätern her“ rauben; sein Gott war ein Gott, der „Gespaß liebt;“ er wußte „wie viel das fröhliche Evangelium des Heils uns erlaubt.“ Was einmal Wurzel in seinem Herzen gefaßt hatte, das riß keine Zeit und kein Wechsel der Zeiten aus; das haben die Freunde, auch die abtrünnigen, erfahren, denen er der schonendste und billigste Richter wurde, das hat vor Allem das Vaterland erfahren, das der Anfang und das Ende seiner Liebe, der eigenste Mittelpunkt seiner Treue war. Er ist die Verkörperung „deutscher Treue,“ ja er ist die lebendige Summe aller der Eigenschaften gewesen, die er selbst den „reinen germanischen Geistern“ zuschreibt — jener fröhlichen Gutmüthigkeit und Frömmigkeit, jener kindlichen Unbefangenheit und Natürlichkeit, jenes feurigen Stolzes auf Wahrheit und Freiheit, jener feinherzigen und freimüthigen Geradheit und Derbheit — all' jenes Unbeschreiblichen, was ein Volk, was das deutsche Volk bezeichnet.

In einem verhängnißvollen Momente ist er von uns gegangen. Er hat uns die Weissagung hinterlassen, daß dieses Land und dieses Volk nicht zerrissen bleiben und daß kein fremder Tyrann uns dauernd bejochen werde. Er hat uns, was mehr ist, das Beispiel gegeben, wie wir lieben und hassen müssen, um einig und unüberwindlich zu werden. In Kurzem wird sich am linken Ufer des Rheins sein Standbild erheben, und wir werden dazu aufblicken mit dem Gelübde, den geweihten Platz zu behaupten. Nur Ein Denkmal jedoch ist seines Andenkens völlig würdig. Erst wenn die alte Zwietracht der deutschen Stämme geheilt, erst wenn die dynastische Politik des Eigennutzes und der Eifersucht durch die nationale Politik, die nach Einheit, Macht und Ehre ruft, überwunden sein wird, erst wenn der Bau eines starken deutschen Staates sturmfest allen Angriffen unserer Feinde Trotz bieten wird, — erst dann wird die Schuld getilgt sein, die das Wirken dieses Mannes der Dankbarkeit unseres und aller künftigen deutschen Geschlechter auferlegt hat.